魅力領導

開發高效能領導完整策略

葉微微◎著

推薦序（二）

從容經營信任收斂成就空間　我所認識的葉老師

曾聽到過這樣一句話：「中國是一個盛行口號的國度」，我深有同感。在一個盛行口號的國度，人們很難被口號的響亮所打動。可就在前不久，當聽到葉微微老師介紹鼎鼐管理顧問公司的使命是「爲培養中國世界級企業經理人做貢獻」時，我卻深深地被打動、被吸引了。爲什麼？因爲我相信！是葉老師在教學、顧問、待人方面的所做所爲，讓我相信！相信她及她的團隊，不僅有和國內世界級經理人共同成長的強烈動機，同時有足夠的經驗智慧和寬廣的格局來支撐其使命的完成。

第一次聽葉老師的課，是爲了給公司引進「非財務經理的財務課」做課程和講師評估。葉老師的課程叫「企業競爭優勢和效能資源管理」。原本計畫聽聽看看能大致判斷即可，覺得自己對數字沒概念，再怎麼學也學不到哪裡去。沒曾想，剛上課不久，葉老師就把連我在內的二十多位學員全都拽進了遊戲般的報表解讀與標竿分析中。兩天時間不知不覺地過去了，嘿！我這看見數字報表就頭大的人，竟然對資產負債表、損益表等有了興趣。我再見到它們，已然不是一個個不知其義的數字，而是企業的現狀和未來的晴雨表了。

眞神！這還不是我這一次得到的最大的收穫；最大的收穫是葉老師課間跟學員分享的關於培訓體系建設的思路！「只有通過有目的、有組織、有系統的學習，知識才能變成生產力」。當時我正被「在有限的資源下，如何構建公司培訓體系」所困惑著。葉老師的指點，讓我的思路一下子清晰起來，而且可喜的是這個思路正與公司經營層的思路不謀而合。

二〇〇一年的九月份，我從神州數碼集團人力資源部轉到神州數碼軟件公司去做人力資源經理。面臨著工作面的轉變，即由面到點，由一般到個別，由更多的專業諮詢角色轉向更多的滲透業務等等，我有頗多的困惑。借著一次共同參加人力資源大會的機會，我向葉老師請教。她竟在那麼多客戶諮詢已經應接不暇的情況下，擠出了二個小時，詳細瞭解了公司現狀和我所關注、困惑的問題，並給予可操作的建議：幫助從經營層面確定關鍵需求，從專業層面尋求解決方法，甚至給出了可直接借用的工具。葉老師的點撥，使我從原本習慣更多的關注人力資源專業層面的事情，轉變爲首先從經營層面即支援營利的層面，來思考架構人力資源管理開發的基礎流程和制度。這個轉變對於一個處在創業階段公司的人力資源經理，是非常重要而有價值的。

如果說以上的經歷讓我信服葉老師的熱誠與智慧的話，另一件事則更讓我看到了葉老師的胸襟與氣度。

二〇〇二年七月，爲幫助我實現做公司內部管理講師的願望，葉老師安排我免費參加一個爲期四天的管理課程講師培訓。當我如約走進亮馬河大廈二樓荷花廳課堂時，不禁詫異：上課學員總共四人，其中還有免費參加的。整個培訓期間，教室、茶點、午餐都安排得非常好。尤其是葉老師講課，非常投入，對學員的要求也認眞嚴格。我想來想去，想不出我們幾個能給葉老師與她的公司帶來什麼肯定而可見的利益，心裏就犯嘀咕：「葉老師這樣做値得嗎？」一次課間休息，我禁不住問了出來。葉老師很平和卻充滿自信地說：「我想，値得！」一下子我想到了葉老師前年贈與我的共勉語：「從容經營信任，收斂成就空間」。使我頓時感悟到：有胸襟才會有從容，有胸襟才會有信任，有信任的根基，方能拓展馳騁與收斂的成就空間！

我喜歡聽葉老師講課，喜歡看葉老師的書。不僅是因爲她講得聲色俱佳，寫得才情並茂，而且是因爲她所言、所寫正是她所行所爲；且其所行所爲已經或正在開出燦爛之花，結出豐碩之果。

王建國
神州數碼軟件有限公司高級人力資源經理

推薦序（二）

領導的魅力

「領導」是一個古老又迷人的話題，但也是一個說不清楚的話題；從「特質理論」，到「行爲理論」，到「權變理論」，到「新魅力理論」，似乎都有道理，卻又都未能完全定義：什麼是領導？

Daniel Goleman教授在其新著 *Primal Leadership* 中將領導風格分爲六種：

一、遠景式：將人向共用夢想推進。

二、教練式：將人的需求與組織的目標連結。

三、親和式：將人們心心相連，創造和諧。

四、民主式：尊重人們的想法，透過參與獲得承諾。

五、制定進度式：迎接挑戰及刺激的目標。

六、命令式：在緊急時提供清楚的方向來平息恐慌。

以我在大型跨國企業台灣分公司工作經驗，在大型跨國企業分公司內，鮮少能培養出遠景式、親和式、民主式領導者，所以在認識葉老師時，非常驚訝以葉老師在大型跨國企業的工作經歷，能同時培養出遠景式、教練式、親和式及民主式的領導力，有時她對人好到即使成功機會不大，她依然肯讓別人去嘗試，當我們看了都會略爲提醒時，她說：「我知道成功機會不大，但有此失敗經驗，他才確知自己的優、缺點，那時他的優點才能充分發揮。」聽到一位沒有財團背景來開創事業的創業者如此說，比較自己時時算計投資報酬率的心態，才瞭解什麼是領導力！

但令人敬佩的不只是葉老師的領導風格，更是她的品格—時時以造就人爲出發點，處處將別人放在自己前面。約翰・科特教授在其新著 *The Heart Of Change* 中提到，人的行爲改變幾乎總是 See-Feel-Change，而非 Analysis-Think-Change，相信各位讀者在閱讀葉老師這本《魅力領導》時，必能感覺到葉老師與人爲善的品格，誨人不倦的熱情，以及厚道眞誠的人格，這是我感受到的領導魅力。

周文祥
麥肯特企業顧問公司產品總經理

推薦序（三）

一份珍貴禮物，值得珍藏

認識葉微微女士（Sophia Yeh）已有八年之久。在這段過程中，我們從同行到摯友進而成爲事業夥伴。我們經過挑戰也從中學習，我慶幸也珍惜這份難得的機緣。

回想到兩年前，葉老師給了我這本書稿。當時我看了一遍，其中有幾個章節我研讀了多次，總覺得是一本不可多得的值得隨時翻閱的參考書。以下是我的心得。

＊這本書中探討了關於領導力的源泉，心靈與展現。包括變化管理、組織學習、團隊綜效、策略規劃、行爲風格、數據管理、員工激勵、全球公民乃至全方位競爭力。

＊在書中葉老師整合了近年來企業大師們的概念和理論，並結合中國人的寫意及西

方人的寫實，深入淺出地爲讀者解析了領導管理上的關鍵理論，成爲系統化的模式。

＊同時提供了深入的調查分析及結合在工作實踐中的實際案例作爲參考。有簡捷的數據圖表，主題清單、章節及結論，同時穿插著許多創意性的學習方法與工具。

爲了寫序，我又用心地看了兩遍，還是很有收穫。我突然悟到，葉老師把她多年的鑽研章章節節精闢地整理出一套學習系統，可讓讀者們有借鑒的成長藍圖，對同行們也可做實用的課程教案。她以喜悅、愛心及熱忱與大家分享。多麼難得的一份珍貴禮物，非常值得珍藏。

吳曉莊

開疆企業管理顧問（上海）有限公司執行長

推薦序（四）

以「領導人」取代「管理事」

在Sophia「與成功有約」及「經營共識」的各項訓練過程中，美樂蒂公司通過自己企業的核心競爭力、產品特性與作業優勢的分析研討，及如何快速發展新產品、新策略、新市場這些全面性關照的能力及資源如何極大化的策略性思考，使美樂蒂公司對團隊共識及企業文化升級了一大步。

「與成功有約7-Habits」的課程裏，美樂蒂即印證了以終爲始的概念，對顧客的最忠實理念就是落實「一人學美語，全家都歡喜」，因而主動積極與雙贏的思維、不斷創新已成爲公司的企業文化與團隊的價值觀。

目前公司爲加強要事第一的觀念，除派人參加卓維的時間管理課程外，公司同仁每人一本工具書，以「領導人」的觀念取代「管理事」的想法，並用角色及使命來讓全體公司同仁內心更平和，心靈更平靜，創造更均衡與充滿愛的人生。

而現在 Sophia 要將這些思維轉換與習慣改變的課程編印成書與人分享，使人有一種經過內心探索後的快樂感覺，因而特別在此爲一本能與成功相約的好書作證。

吳秋絨

美樂蒂美語出版社總經理

推薦序（五）

分享的喜悅

認識葉微微女士—其實我們都稱她葉老師，是在一九九八年的二月六日，那是她第一次到東帝士集團介紹她的公司以及她所能提供的服務。言談中葉女士給我的印象是誠摯而自信的。後來，有機會邀請葉女士在集團內講授「高效能領導人的七種習慣」以及「效能資源管理」課程，更是難忘她獨特的講授風格。原來她是這麼地深信並實踐所學所授，尤其是來自史蒂芬·柯維博士的「高效能領導人成功策略」的訓練，讓旁人感受到葉女士從自身的實踐中得到生命的喜悅，並樂於分享與傳承。

記得在課堂中，她常以雖知自己繪畫智慧的不足，卻不斷努力練習展現在「心智繪圖」上，其成果是學員有目共睹的；她以此證明對人人皆有無限潛能的信心。葉女士早年受過財務管理的訓練，邏輯思維縝密，而自一九九二年創業以來，研發教案，帶領公司團隊擬定策略、開創未來，練就了流暢的文筆以及諸多實證的管理心得。欣聞葉女士在忙碌之餘，將她對生命的熱情、對智慧的熱愛以及身爲教育者的使命，陸續寫下數萬言文稿，並將結集出版。

本來智慧就是東西印證；眞理也是今古呼應的。相信此書對企業人的修身及領導者都有頗高的可讀性。葉女士誠邀我作序，謹草成文以爲推介，是爲序。

林富美

東帝士集團董事長室副總裁暨晶華國際酒店董事長

推薦序（六）
與「魅力」有約

聽聞葉微微老師所著的《魅力領導》一書要即將出版，這眞是對眾多好學經理的一大福音。

《魅力領導》一書的特殊之處，在於作者將多年教學和管理顧問經驗以及親身實踐的心得化於書中與大家分享。分享的不只是與培養領導力有關的知識與工具，也包括實踐的方法及內化後的心得與智慧。

作者以柯維博士的《與成功有約》一書的重要內涵，來闡述領導者魅力泉源來自於個人由內而外的修爲；強調養成不斷修鍊個人品格與能力的好習慣。

魅力領導的心靈則要保持個人思維的鮮活度以及對領導角色的正確掌握，透過領導「人」而非只是管理「事」以確保個人競爭力的提升。

最後，透過實踐對部屬潛能的開發與經營高效能的團隊合作而使領導者魅力四射。《魅力領導》一書也可以說是代表葉老師所經營事業的內涵。透過本書的出版，相信能為想在充滿挑戰的知識時代中，不斷提升自我領導魅力的經理人提供許多幫助。

張淑華
麥當勞香港漢堡大學校長

推薦序（七）

找出人生真諦

一直到四年多前參加了葉老師「與成功有約」研習會，才深刻地體會到柯維博士在這本書中所闡述的種種理念在生命裏實踐時，可以造成的影響是多麼的深遠。

葉老師在研習課程中，每每舉出她在生活的各個面向裏，以及不同的人際關係中，應用《與成功有約》中七種習慣的實際體驗；她談到與兒子的互動，談到與她的老母親的相處，談到創業的理念，談到領導團隊，也讓我們分享了她的人生使命。透過她眞誠懇切的分享，我也才頓悟到自己是可以掌握生命契機的，而且方法是這麼清楚可行。

從此，不只是我的生活開始有了新的活力，我的先生，我的親人，以及「凱麗乾洗」的同事們都開始感受到一個更積極的我，一個更熱愛生活、更相信人的潛能無限的我。在創業六年倍感困惑、焦慮、茫然不知所措之際，我豁然開朗；自此，我開始以不同的思維領導我的團隊成員，以新的智慧經營我的時間、我的生活，公司也在極短的時間內展現出煥然一新的氣象。

很多人都看過柯維博士《與成功有約》這本書，也對此書推崇備至；但是我看到葉老師滿懷信念地、近乎虔誠地在她的生活裏點點滴滴地遵循這七種習慣及其中的理念，接觸過葉老師的人，沒有不被她所感染。葉老師潛心將其中的理念，結合中國儒家思想，以深刻活潑的體驗活動幫助我們學習。沒有人在參加過葉老師的研習課程後，不感受到心底深處的領悟與自覺。

如果不是葉老師的用心傳譯，一本暢銷書的影響最終也只是輕輕碰觸到你我的心；如果不是聽到葉老師分享她的生命，我不會這麼快找到幸福之鑰匙；如果不是有機會受到葉老師的鼓勵，我不會這麼虛心實踐，誠心研讀，進而享受到與人交流分享的喜悅。

如果不是葉老師，我不會這麼幸運，擁有今天這樣積極、豐富、充實、快樂的生活。如果不是葉老師，我不可能在現實生活裏有機會、有信念、有時間去做所有我一直想做的事，除了兼顧一個大家庭，經營事業，領導團隊，陪伴三個孩子的成長，兼任輔仁大學大一的研習課程，參與母校聖心修會教育發展規劃，還持續地充實自己的專業，學習新知，參與社會做一個活躍的公民。

閱讀這本書也許不可能改變你的人生。但是，如果你有勇氣與意志想要主宰自己的命運，那麼，這本書將可以幫助你，重新檢視昨天、今天與明天的「我」。

希望你也能和我一樣幸運，通過葉老師的筆與心，找到「我」人生的意義。

張振亞

凱麗乾洗連鎖創辦人

現任台灣嬌生公司總經理

推薦序（八）

珍惜自己　成就他人

與葉老師的結識是生命中的善緣，我深深地珍惜它。

在葉老師傳遞的「與成功有約」的課程中，中國百勝餐飲集團的管理團隊充分地感受到了葉老師獨特的魅力，其影響力至今仍持續地擴散，而我人生中最深刻的回味也盡在其中。

一直以來，我不斷地在尋覓人生的使命與價值，而在課程分享的過程中，我領悟到了「想過什麼樣的生活自然產生什麼樣的力量」。這一切就像水到渠成一樣，找到了新的活力、新的方向，一個值得我甘心去付出、去吃苦的遠景—將百勝餐飲建成全中國乃至全世界最成功的餐飲企業。

「主動積極—做自己的主人」

「以終爲始—勾勒未來的遠景」

「要事第一—掌握人生的羅盤」

新的智慧、新的體驗、新的喜悅、新的生活。謝謝葉老師的引導，讓我看到了自身的價值及重要，也體驗了自我不斷提升所帶來的效能。

「己欲立而立人，己欲達而達人」，這種成就他人的胸懷正是我想學習的。在實踐的過程中，謝謝葉老師不斷給予我支援與鼓勵，在成就他人的路上能與老師同行是我最大榮幸。

《魅力領導》集合了葉老師的智慧、熱情與經驗，是借由思維的轉換、好習慣的養成，而不斷提升效能的結果。誠摯地希望與你一起分享，期許你也能從此書中獲致有效能的人生。

劉建明
北京肯德基有限公司總經理

自序

記得一九九一年創業時，爲了對顧問業的經營有一些基本認識，閱讀了一本 (*How to be a Successful Consultant*) 的著作，這本著作傳授了幾個經營顧問工作的竅門，其中一個便是以出書建立知名度的方法。這件事一直放在心上多年，但出書的出發點與之不太一樣，內心的想法是將多年經營過程所累積的一些可用知識，在轉化成實務的應用智慧後，整理出來跟需要的朋友分享。沒想到這單純的創作動機卻因工作的過程才發現知識的浩瀚實在是學無止境，越多年的經驗越發覺自己的不足，也就越擔心自己的創作有其單薄之處。幾年下來，每每累積了一些工作的心得或因讀書汲取到新知時，便將心得整理發表在各大報章雜誌上，就這樣不知不覺中也累積了幾萬字的文章。

兩、三年前，過去在長江人資中心工作的許哲銘，在徐正群董事長的支持下主持了風和出版社，邀約將過去的著作結集出書。基于對哲銘的經營理念及創業動機的支持，將文稿整理出書，雖然心理上仍覺得有些擔心內容的不盡周延完善，但抱著一份懇請讀者能在閱讀時不吝指教，讓出書成爲分享與意見交流的開始，這不也創造了多贏的結果嗎？當這點想通之後，出書的猶豫便轉換成分享的動力，而背後也有股期待，希望能贏得讀者的迴響及反饋您的寶貴意見或見解，讓未來十年的創作結合了讀者的需求與見解，也許可以是一本集體創作都說不定，不是嗎？

每個創業者背後都有自己的動機。我的動機與眾不同！我的創業是在外子朱知遠的支持下開始的。特別是顧問業就跟早年的文化事業一樣，經營的是無形資產，可謂艱困行業，雖然無資金的風險，但取代的是高成本人才養成成本，可謂耗盡心力。

期間每每遇到經營上的困頓時，外子總是最好的支柱，提供最佳的安全保障。所以這本在創業過程所累積的心得能結集出書，第一個要感謝的是外子，有他的支持，才有今天的卓睿、卓維以及新近在上海成立的鼎鼐企業管理諮詢（上海）有限公司，也因此而累積了許多智慧財產。第二個要感謝的是所有工作伙伴們，不論是國內或國外的伙伴們，沒有大家的同心協力，不可能順利地走過十二個年頭且留下一些可以傳承的資產。第三個要感謝的是多年來支持我們的客戶，讓我們能堅持理念，不因現實而妥協我們對品質的責任心及對品質的保證承諾。近五十年的歲月，一路走來，要感謝的人士實在好多好多……可愛的老母親，提攜我成長的舅媽張蘋女士，還有用人唯才的老板等等……

最後還要感謝爲我寫推薦序最受敬重的事業伙伴及朋友們，我會將自己所受到的提攜無條件地回饋在我的教學上以回報大家的厚愛。

最後，謝謝讀者的支持與愛護以及生智文化事業有限公司的協助再版此書，希望大家有物超所值的獲得，讓因出這本書的所有利益關係人均有「贏」的感受！

目錄

目錄

第三章　魅力四射　139

第四章　魅力隨筆　217

第一章　魅力泉源

史蒂芬．柯維博士

在美國，每個月有一百五十位白領領導人，以三千五百美元的高價在柯維領導中心接受「高效能領導人成功策略」的訓練。柯維領導中心有四百多位員工，光是美國市場便可每年創造五千萬美元的收入。爲什麼史蒂芬．柯維博士（Dr. Stephen R. Covey）這麼熱門？

改變組織文化由員工自覺並接受改變開始

過去幾年，成千的美國企業均面臨組織改革的衝擊，採取的方法無非是組織扁平或虛擬化，甚或透過自主管理團隊的運作（EMPOWER TEAM）來達到組織變革的目的。但是，要改變組織文化不是那麼容易成功的，最重要的關鍵因素是各階層員工是否接受改變，而且願意藉由提升個人專業能力，來適應組織變革。

若以柯維博士的看法，這樣的改變要能成功，「必須是雙贏策略，由促進了解的過程中，產生領導力統合後的綜合效果」。所謂雙贏是兼顧組織及員工的需求；促進了解則是領導員工願意主動積極，透過有效的溝通，由了解別人開始，再讓對方了解自己↓了解↓接納↓思考變通方法或選擇↓使溝通雙方均有期望滿足的感受↓再進而產生共識↓最後發揮一加一大於三的成效，就是所謂的「統合綜效」。

累進成熟度的思維觀

一九九五年三月，筆者有幸於新加坡親自領受了「柯維思維」的洗禮，對一個刻意成長中的組織，這樣的學習是深刻且富質感的，因此將吸收轉化後透過實踐所得到的體驗及經驗，整理出來與讀者分享。若您是閱讀過《與成功有約》或《與時間有約》兩本

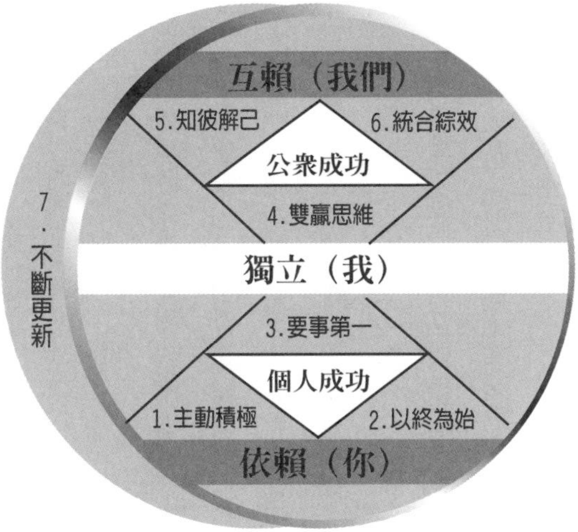

圖1-1　持續成熟圖

書的讀者對上面這個圖形一定不陌生，但是七種習慣策略的詮釋不同，再進一步爲您說明成功習性：

由持續成熟圖（圖1-1）我們可以看出來，柯維博士將人的成熟歷程分成兩個部分及三個階段：

（一）個人成功部分

這個部分基本上強調的是個人內在體質的修鍊。如果方法得當，就可以將成長第一階段的「依賴」提升至「獨立」的階段。什麼是依賴？在家裡—特別是東方人的家庭，在父母眼中，孩子永遠是長不大的，最好結了婚還要依賴父母住在家裡一起生活，工作上也可能要一步步教導才能做到自主管理的程度。什麼是「獨立」？獨立的眞諦是「可以透過自己的意志選擇規劃自己的人生」。

（二）公眾成功部分

是指外部關係的成功。每個人都了解一個人的力量，即使發揮到極致，仍有其限制。但若群策群力，就會像柯維領導中心那樣，平均每人每年生產力新台幣三百多萬元，這並非是做不到的事。從獨立到互賴的過程，強調的是找到每個人不同的存在價值，總和每個人的價值，將產生優於兩人甚或眾人的加乘效果。換句話說是倍數的成果。

由「依賴」發展到「互賴」的階段，需要透過七種習慣策略的不斷「實踐」，將柯維思維轉換成自己的成熟觀。在這過程中，柯維博士強調只有實踐及分享，才能成爲「高效能領導人」之一。

回顧到前圖，我們知道任何思維如果未具象化，就像組織光有策略遠景，在目標及行動上卻不一致，各部門各自爲政，那麼經營的落差常是不堪回顧的。

七種習慣就是教我們如何追求「平衡人生」的方法，就是只有投入的資源與產生的生產力處於平衡狀態，才能帶來眞正的喜悅及成就感。

習慣一：主動積極

「主動積極」的定義是「經由自己的自由意志做出選擇，正面回應人或事的習慣」。與被動回應有何差別？舉個例子：有天我跟公司的顧問一同拜訪一位重要客戶，洽談一個顧問專案。這位顧問的專長是做專案，且相當有經驗。但客戶沒有被他的專業服務過，而且在交談過程中，這位顧問受「職銜」高低思維的束縛，因顧忌「組織倫理」而未發一言，因此失去創造顧客對他專業認同的機會，這樣的回應便是被動的行爲。但是，在回程上，我們就針對過程進行檢討及溝通，當在座另一位顧問主動澄清，所謂的「展示專業能力與組織倫理」並不一定衝突，而且若方法得當，反而能發揮加倍效應時，他在這過程中對「主動積極」的習慣有了深刻的體驗。

習慣二：以終爲始

這是習慣中最令我感受深刻的部分。過去的訓練教我們要有人生目標，但柯維博士告訴我們先澄清信念使命與價值觀，釐清扮演的角色後再談目標。他將思考的深度放在人生樹的「根」上，對我造成很大的衝擊。當我深入探討這輩子最終是爲何而存在、我的使命是什麼的時候，整整思索了兩夜，年近半百，終於知道自己存在的眞正價值，眞是幸運。幸運我終於有了好的開始！難怪柯維博士說：「改變的最簡單法則是由自覺開始」。當我想清楚個人的使命信念中，有一項是希望透過自己的專業，不斷開發出「人的潛能資源」時，我同時也釐清了支撐這項使命的價值觀，是服務、誠信及包容，而搭配使命必須扮演的角色，便是能「不斷滋養自己和別人的顧問及講師」，接下來，必須設定自己在不斷成長及從事顧問角色時，所需達成的各種具體目標。這個過程使我重新建構了自己人生大架構，使我有方向，最重要的，讓我知道終其一生爲何而努力，我個人存在的信念及價值是什麼，信心由此而生。

習慣三：要事第一

一九九四年後半年，自己一直覺得處於焦慮的工作情境中，身心俱疲。九月份美國行時，買回暢銷的英文版《與時間有約》（*First Things First*），這也是柯維博士的著作。透過書中一篇「偏執狂」問卷，檢核了自己的狀況，發現自己有一半時間都在做緊急卻不一定重要的事，不啻是一次當頭棒喝的過程。然後，我照書本中的方法開始將人、事、物逐一釐清，開始找回過去時間管理學習的技巧，再配合柯維書中指示的第四代時間管理—不同思維的整理及改造，我逐漸將所謂「重要的事」—亦即要完成使命信念的事，放在「第二象限」，然後分析改善那些用在「第三象限及第四象限」的時間，轉而用來做「第二象限」的事，三個月下來，受益於「第二象限」的努力，除緊急事件開始不斷地減少外，我的生活漸漸走出焦慮的困境。（關於時間管理，請參閱本書第三章第一節）

習慣四：雙贏思維

這個習慣主要是讓自己養成滿足自己期望的同時，也要滿足對方的期望，使人際關係建立在持久且成熟的基礎上。比如，一個企業的經營者，若要員工不斷提升生產力，便需要在員工身上投入「成長學習」的投資，相對地，當員工貢獻生產力而能創出優良績效的當下，也需有雅量分享利潤。這樣的觀念便是雙贏的思維，它可以帶動生生不息的良性循環。

習慣五：知彼解己

過去中國人的哲理是「知己知彼」，了解自己同時也了解別人。柯維博士建議我們以主動積極的心態，先由了解對方開始，再讓對方了解自己而產生共識。這個部分可以學習去認識及尊重對方不同的價值，通過有效地傾聽、理解對方的想法與需求再回應的技巧，不僅創造了共識，且因共識的凝聚，雙方共同開發了許多解決問題的創思及變通的選擇，最終除了可以提升解決問題決策的品質外，還爲「習慣六：統合綜效」奠定了良好的基礎。這種習慣的養成，對人際關係中最重要的溝通能力的培養有實質的助益。

習慣六：統合綜效

在一個家庭甚至團隊中，我們都很容易發現人的特質是不同的。比如，有些人較理性，較重視「事情」，不重視人的感受；但另外也有些人是非常重視人的感受，較不重視「事情」的結果，換句話說，這類人很在意過程中參與者的感受，而不那麼重視目標達成的程度。但也有些人是較靈活變通的，既重視人又在意結果。各種不同的人如何能使彼此對彼此之間的差異有所了解、接納，並互補長短而產生優於個人努力的結果，便是所謂的綜效。學習綜合每個人的優點而發揮一加一大於三的結果，這種能力便是柯維博士所謂的「統合綜效」的習慣。以柯維博士所領導的「柯維領導中心」，雖然只有員工四百人，卻可產生一般企業需要上千員工才能得到的結果，便是一種具體可見的綜效。

習慣七：不斷更新

習慣的養成不能一蹴可及，它必須來自不斷地體驗及經驗的累積。因此，如何透過不斷檢視自己在心靈、生理、社會、心智人生四大需求是否平衡的過程，設定具體的行動方案，透過學習、實踐及堅持來強化成長所需的定力及意志力，同時由不斷檢視自己的過程中，找出更具體可行的方向來實現自己的信念及使命，即是所謂的「不斷更新」的習慣。

由前述七種習慣的養成，第一至第三種習慣是協助我們由依賴發展至獨立的階段，我們可以掌握過程並爲自己的方向負責，不再認爲別人要替自己的成敗負責，進而發展出個人的自我價值觀和內在的信心及安全感。第四至第六種習慣，是協助我們由獨立發展至互賴，亦即透過影響力強化我們的人際關係，使我們能因善於結合他人的長處，而發揮加乘的效應。這階段我們將學習到如何與他人共同工作，相互尊重，並體驗豐富而親密的人際關係，進而獲得團隊運作的效益。而第七種習慣則使我們能因實踐而持續成長而發展出「成熟」的人生觀。

改變循環圖

改造由自覺開始

柯維博士的思維觀，將過去戴明博士等的先見由「對事」的關切轉到「對人」的關切上，且啓發個人由釐清使命及價值開始，不僅讓每個人可以主宰自己平衡充實的人生，且將「時間」的經營由「計數式」的「效率導向」走向「品質式」的「效能導向」，這是思維學習最高的附加價值。

「高效能領導人成功策略」的課程內容深而博，不是淺淺數千字的文章可以完整詮釋的，特別是每種習慣都指導「應用的方法」，相當實用。不過誠如柯維博士強調的：「改變的簡單法則要由自覺開始」，難怪一起研習的同儕有這樣的回應：「即使四十多歲了，經過這種思維的洗禮，才知道在『持續成熟』的成長歷程中，原來自己仍只在起步中的『依賴階段』，但也感到很高興及幸運，學習到逐步發展至『互賴』階段的方法，令我對『明天會更好』充滿了信心！」

「BMW世界級經理人的境界」是我努力的方向

記得曾在雜誌上看到一段BMW公司對世界級經理人所下的定義，發自內心地喜歡，內容如下：

（一）要有赤子之心，並富幽默感。

（二）不忘本。

（三）待人厚道，能欣賞別人的長處。

（四）保持好奇心。

（五）要有膽識行萬里路。

（六）愛護大自然。

（七）不忘終生學習和不斷進步。

這樣的境界是我嚮往的，所以將它當成是自己努力成爲世界級經理人的標竿。有趣的是，實踐「與成功有約」時，正好與這標竿不謀而合，所以我眞心歡喜地實踐。

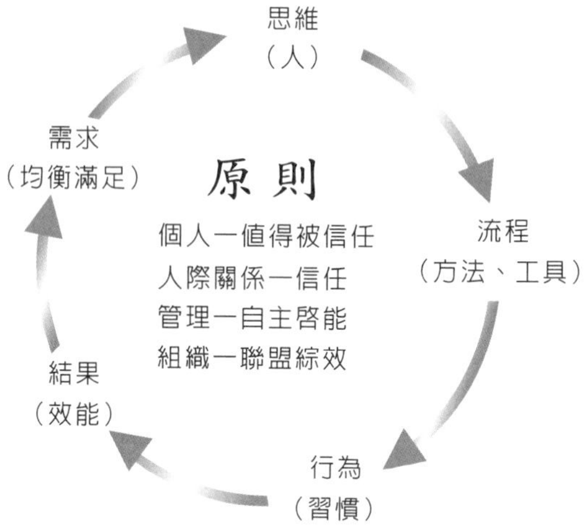

圖1-2　改變循環圖

改變循環圖影響深遠，效用無窮

十六年前開始接觸當時所謂的「人事」，也就是現在的「人力資源」工作時，我都以爲要使一個人有所突破或改變，只要改變行爲就可以有好的結果。一直到我從柯維博士「高效能人士的七種習慣」課程中，學到「改變循環圖」（圖1-2）的內涵後，才領略到何以過去有許多投注在「人力資源」潛能開發上的努力，並不一定開出好花或結出好果來的致命原因。

過去談「改變」，很少追根究底

回歸到一個人的「思維」（**Paradigm**）上。「思維」是什麼？就是一個人對世界的認知、觀點、看法及看事情的角度。思維常是我們無法學習、無法傾聽、視而不見、感受不到的最主要關鍵因素，如果我們沒有「自覺」到「思維」對一個人根本的影響，那麼我們會經常地陷在舊的窠臼中無法突破改變循環圓思維與成長，亦即我們被「思維」的框架所限。框架包含兩部分，茲舉例說明如下，與您分享！

（一）自己的框架

有一次我到台灣南部志氯化學公司開課。在課堂上使用小蜜蜂時，電線不小心勾到學員的椅子，將口袋中的小小電氣盒弄掉到地上。當時有個學員好心靠攏身來提醒我：「可能是電線太長了，收起來便不會再勾到。」我當下沒聽進他好心的建言，告訴他：「沒關係，我會留意我的行爲，肯定不讓電線勾到了。」才說完不到兩分鐘，雖然當我走過學員身邊時我刻意小心，但又勾到，且差點因電氣盒重量而將夾在衣領上的小蜜蜂線給拉斷了。當下，我領略到自己光調整行爲，對「結果」一點助益都沒有，犯下同樣的錯誤是因爲我沒跳脫自己的「思維框框」，「電線太長」才是問題的核心，而且更嚴重的是，學員早已給了我正確的解決問題之道，我竟充耳不聞。

由上面一個小小的故事，便能了解當一個人要改變成長，很重要的第一步是要跳出自己的思維框架，才能藉由耐心的傾聽、觀察、詢問來了解及掌握更多的資訊。建立正確的認知之後，再學習好的方法及工具，創造行爲的改變，並進而產生或創造更好的結果。這跟我們隨時要能歸零學習的道理是完全相通的。如果你的思維陷在原來的認知或主觀中，基本上你的學習充其量只能達到「選擇性」的結果，而無法得到「完整的學習」，原因就是受制於自己先入爲主的思維框架中所致。

（二）別人的框架

亦即「社會鏡射」，也就是說我們受制於別人的思維框架中，或受制於社會價值觀所產生的束縛。舉例來說，我們常聽到有人說「我這一輩子都在爲父母的期望

而努力」，或「如果大家都說我不可能成功，那我還有什麼希望」！這樣的話便是典型的受制於「別人的框架」，思維沒有跳脫，以致行爲也沒有改變。

這樣的例子，如果留意，處處可見。有次我到菲律賓參加國際性會議，回台北的前一晚，跟伙伴一起聚餐，不小心喉頭扎了根魚刺，疼痛不堪。但因時間太晚，第二天一早要趕回台北，便忍痛等回到台北才到榮總掛急診。急診室醫師立刻上麻藥並用內視鏡想幫我將刺拔出，只見他忙了近二十分鐘仍拿不出來，便急忙叫了第二位醫師來幫忙。遺憾的是，儘管兩人忙得滿頭大汗，而我淚滾如流，仍拿不出來，就這樣近兩個小時眼前已站了八位大夫。正當個個傷透腦筋不知如何是好的時候，來了第九位醫師，只見他用內視鏡看了一下，轉身告訴大家：「會不會是倒插？」前面八位都受「正插」的思維困住而白忙了兩個多小時，這位「偉大的醫師」只花了三分鐘便解決了我兩天如芒在背的痛楚，也再次令我領略到只有「思維」能隨時保持清新靈活，才不會被自己或別人框住，也因此才能得到最有效能（質量並重）的結果。

每多一次「思維」轉換的體驗，便對「改變循環圖」的精髓有更深一層的認識。「改變循環圖」是柯維博士課程中最重要的架構圖之一，我由實踐中體驗深刻，對我個人最大的助益是，一旦明白了「思維轉換」的重要，便很容易「自覺」到自己或別人的思維是否被框住了，慢慢地自己會越來越覺醒。這樣的「覺醒」對學習效能、解決問題的能力的增進，以及人際關係的建立都有實質的助益，令我獲益良多。

生命三價值

生命的可貴，不在長短，而在於精妙

這句話若與證嚴法師開示的「生命沒有所有權，只有使用權」合併來印證，便能理解越南禪學大師在他的《一步一蓮花》書中的深思：「生命的意義只能從當下去尋找。逝者已矣，來者不可追，如果我們不反求『當下』，就永遠探觸不到生命的脈動了」。前幾年深受世人愛戴的黛安娜王妃英年早逝，卻爲世人留下如此深刻無法抹卻的記憶，它背後支撐的眞諦，其實就在於黛安娜王妃能眞誠經營生命的「精妙」。那麼生命究竟是什麼？

生命是首歌～唱它
是遊戲～玩它
是挑戰～迎接它
是夢想～實現它
是服務～體驗它

是眞愛～享受它

當我們眞誠去面對我們自己的生命時，怎能不好好地經營、活出生命的「精妙」來！經由學習與實踐，可以讓您掌握生命，創造永恆之美。

生命最重要的價值有三

生命中最重要價值有三，一是「面對」生命的「態度價值」，二是「經營」生命的「經驗價值」，三是「分享」生命的「創造價值」。前一篇，我們分享了「改變循環圖」，同時，我們也分享了「思維轉換」的實例與重要性。「思維」主導一個人的認知與態度，我們由下面這段話便可了解「思維」是如何左右一個人的命運的：

種下思想，收穫行動；
種下行動，收穫習慣；
種下習慣，收穫品格；

種下品格，收穫命運。

所以我們提及生命最重要的價值時，首先就是態度價值。「態度」是源自一個人看世界的觀點、認知與角度，也就是所謂的「思維」。一般的傳統思維是「絕對性」爲多，看事情只能由單一角度出發，不是「黑」便是「白」，沒有轉圜或變通的彈性，也因此容易被「自我框框」或「社會鏡射」所局限；另一種是「相對性」思維，看事情是同時看到黑白、好壞、風險與機會兩面。因爲看得見，所以掌握得住，也因此轉圜餘地較多，變通彈性較大，「思維」也就容易經常有「打破」傳統的突破性想法，而影響所及，連態度都能長久保持樂觀與積極。透過流程來經營生命的價值「相對性思維」決定我們面對生命的態度，接下來我們分享的是「改變循環圖」的第二步驟「流程」。這裡的「流程」指的是運用「方法、工具」來經營有效益的「行爲」，亦即歷經長久養成能產出滿意結果的「習慣」。因此，「流程」是經營精妙生命的方法與工具。在此，我先舉一個例子來分享我的實踐心得。

我有一個寶貝兒子快滿十八歲了，六呎一吋，相當高大。今年暑假回來與我分享他在學校編寫的一本「個人剖析報告」，內容豐富多元，兼具感性與理性的剖析。其中有篇

是關於對「愛」的看法：兒子認爲「愛」是無論對方有何優點或缺點，「眞愛」是全盤的包容與接受。文章中有段提及，他覺得中國人受傳統的束縛，大部分做父親的被威嚴所束縛，較不懂得表達「愛」，這當然也包含兒子的爹在內。當我看到這段時，起初受「絕對性思維」影響，心裡有些難過，因爲只看到其間所隱藏的危機；但馬上提醒自己要「相對思維」，就像燈泡剎那間亮了所產生的「頓悟」。啊哈！這不正是尋找好方法改善父子情誼的「契機」嗎？

第二天藉著與寶貝兒子獨處的機會，我跟兒子分享每一個人表達「愛」的方式不同的看法。比方說他老爸，一個五十歲大男人，當周遭的朋友不是開著富豪車便是進口車滿街跑，只有他仍開著已有十一年車齡的破舊老車，難道他不在意面子嗎？但就是因爲老爸每天早出晚歸努力打拼的目的，便是一心想將寶貝兒子未來可能念醫學院的學費全部存足後，再來考慮自己的面子問題。這背後深深的「愛」，不是太多人能辦得到的，所以兒子要懂得體驗與珍惜。當兒子點頭認同時，我進一步鼓勵兒子，就是因爲爸爸很內向不善於表達「愛」，所以兒子更應主動積極地用「擁抱」爸爸的方式來表達他的愛。兒子居然回答說：「爸爸肚子那麼大，怎麼抱法？」原來小子也有羞澀的時刻！但我這做「媽」的並沒有氣餒，第二天早餐我把這經過一五一十地與老公分享，當老公聽到「肚子大」這段不禁莞爾，然後竟然站起身來，走進兒子臥房叫醒仍在熟睡的兒子，站起來，然後緊緊地抱住他，足足有三分鐘的靜默，周遭的一切似乎突然打住冷靜下來，但有三顆心正在澎湃起伏中。老公抱完兒子出來，跟我說要快點上班了，猶如打醒了夢境中的我，匆忙提起皮包，探頭進兒子房間看看他的反應，只見棉被下無聲但卻抽動中的身影，當下決定讓他自己去回味體驗那眞誠擁抱的永恆美，便悄悄地關門離去，此時最好的回應只有「無聲勝有聲」了。

這段眞實的故事便是來自實踐「改變循環圖」的第一及第二步驟所產生的「擁抱行爲」及創造「親情美」的結果。

運用實踐產生的經驗智慧來創造價値

「實踐是檢驗眞理的唯一標準」。所謂的「標準」以「路徑」來說明可能更貼切些。前面提及經由第二步驟「流程」所提供的方法與工具，我們可以去「實踐」並將學習到的知識、方法轉換成自己的生活經驗與智慧。「實踐」，使我們言行一致並成就行爲與習慣，最終會創造出自己較滿意的結果來，這過程便是自我創造價値；如果我們能將自己

實踐的生活經驗與智慧更進一步地整理分享，進一步來協助他人學習與改變，那麼我們不僅可做到「獨善其身」，還進一步能「兼善天下」，這樣生命的經營不是更有意義嗎？只要您願意，「經驗分享」是每個人都辦得到的事。不妨試試看，讓自己也成爲一個對「創造價值」有正面助益的人，不是很棒嗎！

品格與能力

品格、能力是永續經營個人成功的基石

在前面一篇文章中，我們分享了與改變循環圖有關「流程」實踐的例子，我們也提到流程是各種方法與工具，這些工具方法將協助我們把思維轉換所得到的認知、觀點、想法、點子進一步來產生行爲，然後得到創造價值的結果。爲什麼行爲重要！讓我們由史蒂芬・柯維博士的冰山圖來認識行爲對一個人的影響。

假設我們將冰山圖（圖1-3）當成一個人的內涵，我們由冰山圖可見，「做人技巧」實際占一個人的內涵比率相當的小，相較於做人技巧，「本質」卻要大許多。什麼是「做人技巧」？舉例說：溝通技巧、公關技巧、形象建立的技巧，許多教人快速成功的方法等等，這些就是中國人所謂「術」的部分。有一次上課的時候，學員給了我兩個有趣的詮釋用在冰山圖上，有位學員說冰山上部就好比一個人的「面子」，下部就比如一個人的「裡子」，眞是描述得「貼切」；而另外一個學員則說：「簡單說，就是台上三分鐘，

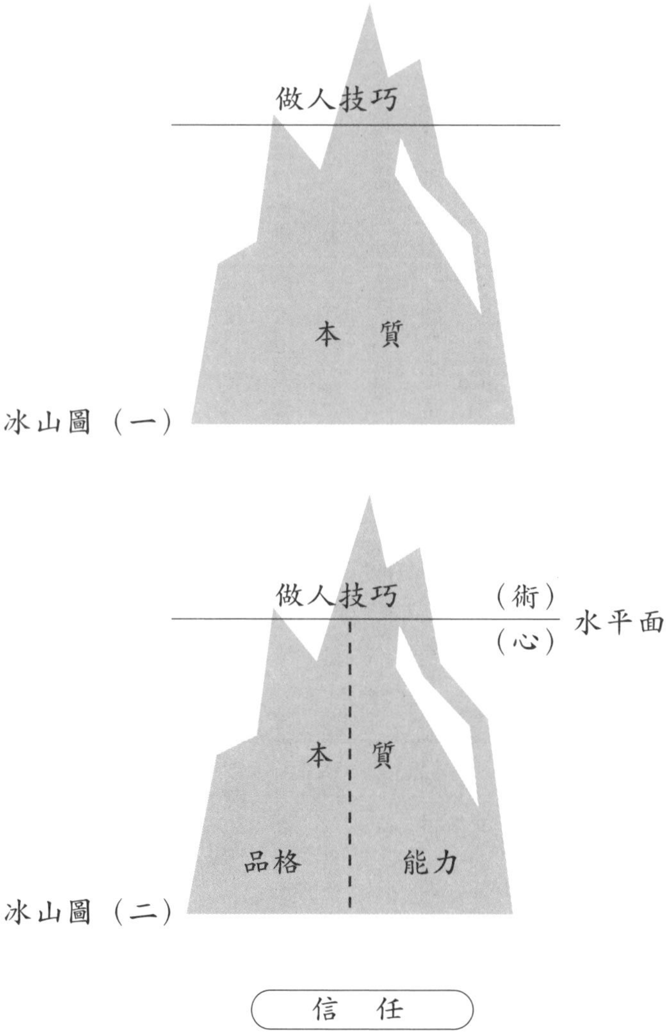
做人技巧
本 質
冰山圖（一）
做人技巧
（術）
水平面
（心）
本 質
品格
能力
冰山圖（二）
信 任

圖1-3　冰山圖

台下十年功」，數字的確突顯了「做人技巧」與「本質」修爲所需時間上的差距。但「本質」是什麼？本質包含了兩部分，一爲品格，二爲能力，綜括而論，就是中國人所謂「心」的部分，而這兩樣東西是建立「信任」的根本。

如果我們回歸到工作或生活上，舉例來說明，一個經營者之所以無法充分交棒，主要的原因難道不是眼見其他主事者不是能力不足，便是品格上無法令人完全放心嗎？所以只好事必躬親或只能做到部分授權，而仔細探討背後的原因，就是「無法充分信任」。

再讓我們看看日常生活上，許多家庭主婦有存私房錢的行爲，爲什麼！還不是爲日後未知的危機做準備，比如先生外遇棄家時是否有自己謀生的能力！再看看與子女的互動，爲什麼孩子稍晚回來，做父母的便如坐針氈，非等到孩子進家門且安然無恙才寬心。背後的原因還不是害怕孩子應變能力的不足而害怕遭逢意外，或品格被壞朋友影響而走上不歸之路！

由以上的說明我們便可以了解「品格、能力」是自信人重的基礎，這與中國古訓「立德、立言、立行」的道理是完全相通的，而品格能力之所以重於「做人技巧」，是因爲一個人如果只經營「術」，通常講求近利、不擇手段，欠缺爲人的厚道與眞誠，凡事尋求捷徑，要求時效的同時也非常地短視。不可諱言的是確實也有許多人是靠「術」起家且飛黃騰達的，但能持續多久？下場好嗎？生活均衡、安全，心靈平和、幸福嗎？這些不都是一般人成功後所追求的嗎？但爲何用「術」成功的人，這些都不一定是他擁有的！其實歸根結底就是因爲品格能力的根扎得不實或不深。所以由「術」的經營而贏得的成功，充其量只是一方面的成功，既然不是全方位的成功，也就不值得我們欣羨了。

所以如果要「永續」成功地經營自己，還是扎實地由品格、能力一步一個腳印地開始，這才是上策。

修身四層面

「修身、齊家、治國、平天下」四層面全方位建設自己

在本土化「高效能領導人的七種習慣」課程的過程中，發現柯維博士對中國的哲理有深層的研究，而這套課程其實是把中國人的哲理放進西方人的系統之中，用態度、方法與實踐爲主軸，將柯維博士終其一生的研究成果，架構成易懂易學的一套訓練課程。今天要分享的「由內而外」修鍊自己便是前述看法的佐證之一。

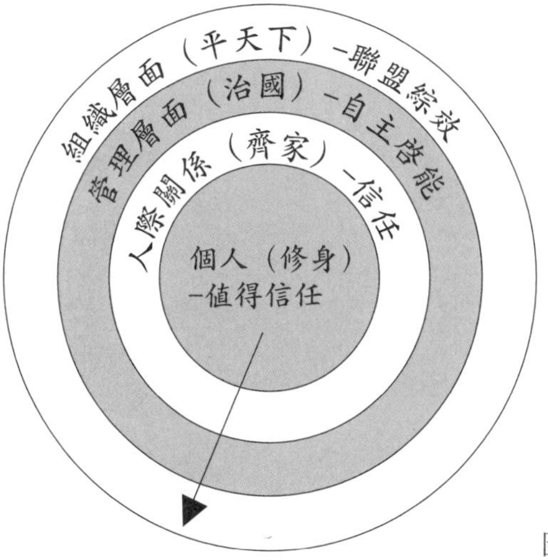

圖1-4

前面一篇我們提及品格、能力是個人立足的基本要件，而修鍊品格能力的功夫便是中國人所謂的修身，目的是強化對自己的信心及贏得他人的信任。爲個人有了「被信任的條件」後，在人際關係層面上才能以彼此「信任」來互動。如果我們用一棵「生命樹」（圖1-5）來詮釋這樣的內涵，也許便容易些：

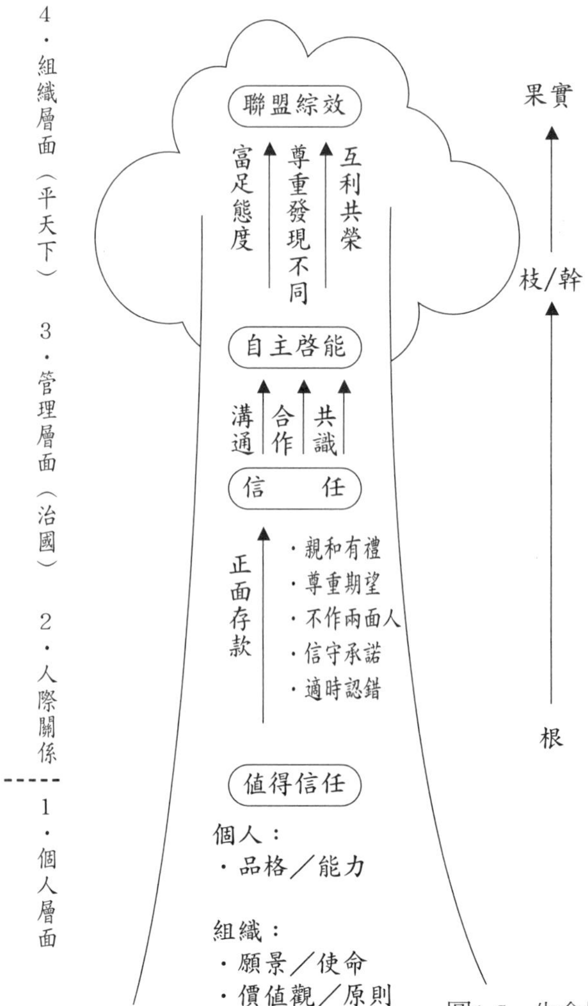

圖1-5　生命樹

我們由「生命樹」了解個人的修身是扎根的工作，當兩個或兩個以上值得信任的個人在一起，才能由「信任」的層次開始互動。舉例來說，最近幾年台灣由於國際化的趨勢，造成許多夫妻必須面臨分多聚少的現實生活模式，如果彼此建立的信任度不夠或不深，分開一段時間後，便會因其中一方的價值觀改變而產生隔閡，甚至發生婚姻危機的事件。在工作上，我們也不難找到許多活生生的例子，因欠缺信任，而讓合作伙伴關係只是建立在膚淺的表面互動上，基礎脆弱到經不起一點風吹草動，便讓多年的同事之誼中斷了，實在是可惜。

信任是源自人際關係存款

要建立「永續」的人際關係，我們必須要在五個要件上不斷以「存款」的認知，去建立長遠信任的互動情誼：

(一) 親和有禮

有次走在街上急著要去拜訪客戶，忙著由皮包中掏名片時，不自覺地弄丟了那張客戶的名片。正匆忙趕路間，忽然覺得有人追上來在背上拍了一下，看我停下便滿臉笑容地將他在地上撿起的名片遞給我，然後瀟灑地揮揮手朝另條巷子走了。那份親和溫暖了我的心，也化解了我可能找不到客戶確實地點的危機。

小小的接觸便存入了大筆友誼的存款，那種感覺眞棒！

（二）不做兩面人—忠誠

中國人很含蓄，常不好意思正面地表達自己的看法。比如，與部屬在工作互動上，常無勇氣與部屬分享工作不滿意之處，到了年底做績效面談時，部屬才收到主管對自己工作不滿意的長串清單，令部屬元氣大傷，常常要足足難過一、兩個月仍恢復不過來。而更糟糕的是，主管不跟當事人說卻跟他周遭的人分享，一旦消息傳進當事人的耳朵，再好的人際關係都會因此而大量提款，甚至從此再也無法建立彼此的信任關係。

（三）尊重期望

每個人內在裡都有需求，這樣的需求要不斷地被滿足，彼此的關係才能長久經營。舉例來說，過去在企業內部從事人力資源工作，每年在編列教育訓練預算前都需要進行問卷調查，去了解同仁及主管對訓練的需求與期望是什麼，再由期望中去統整課程的選擇及內容的設計，這樣同仁參加訓練時態度上較易參與投入。由經營的用人經驗上，我常期許同仁有自我規劃及設計工作內涵的能力，經由自己的設計，每個人有自己的格局並在設計中找到自我期許，這決策背後的原因就是來自尊重同仁個人的期望。在婚姻生活上，外子便是個能充分尊重妻子個人發展期望的先生，在工作上，只要我自己覺得滿意，他從不過問或干預。但若我工作上碰到任何問題需要他的協助，他始終給予最大的支持。婚姻生活有一個相當重要的哲理，便是「互相尊重」，有了信任外加彼此尊重，婚姻才不會成爲個人自由的枷鎖，也才能長久維持。

（四）信守承諾

這是最不容易做到的人際關係存款項目。在工作上因爲有利害、升遷等關係，做到信守承諾也許還容易，但「輕諾」卻很容易發生在最親近的家人或朋友上，原

因是容易「被原諒」也就容易被忽略。所以德蕾莎修女有句名言：「愛遠方的人很容易，但愛我們周遭的人卻困難得多。」可是「愛」不是「名詞」，而是「動詞」，你必須由一個人身上開始才可以，而由家人做起是最自然的，也是最容易被接納的。當認識到信守承諾的重要後，很多人的反應是：「『那還不簡單』那就不要輕易地做承諾嘛！」但是一個主管若連自己的責任都理不清而無法許下完成責任的承諾，久而久之，在同仁的腦中可能會對主管的能力打一個大問號。這種嚴重提款的結果，不僅對主管本身有嚴重的殺傷力，流失的信任也可能不是短時間可以重建。如何得體地信守承諾，其實是值得終生學習的課題。

（五）適時認錯

記得有次在「高效能人士的七種習慣」課程中，來自宏碁人力資源處的游凱娘經理做了個有趣的分享：宏碁在蘇比克灣的廠用了許多菲律賓籍的同仁，菲律賓人很率真，篤信天主教。在工作上做錯了事亦很懂得勇於認錯，只是認錯後卻不斷地重複相同的錯誤，令人不解。經一段時間相處，才了解原來菲籍同仁每星期天一早上教堂，在告解後，他們便將一切交付予上帝了，所以回到工作崗位上，他們又回復原狀，開始再犯相同的錯誤。如果有人將這故事用作解釋自己在工作上不斷重複犯錯合理化的藉口，那就恐怕沒有領略到，「第一次就將對的事情做出好的結果來」是一個工作者對自己工作績效最起碼的要求。萬一十次中有一次錯了能適時認錯，且馬上由過程中，學習到不犯第二次錯誤的經驗，才能將原來「死不認錯」所造成的大量提款變成是存款。但若不知輕重不斷地屢犯，除非之前有了大筆的存款在人際關係帳戶中，否則提的是「能力不足，不值得信任」的款，則大大折損了良性互動的人際關係。

「自主啓能」產生拉（Pull）的力量

有了以上五項人際關係的存款，人際互動才能建立在信任的基礎上。有了信任後再透過—有效的溝通、建立權責對等的共識、產生合作互動的模式，如此，在管理層面才能做到每個人適才適所，自主管理的同時還能不斷啓發潛能獲致最好的結果。如果每個人能先將自己做好，那麼在管理層面上將產生由下往上拉（Pull）的力量，亦即主動積極、自我成就的動力，而不是傳統的由上往下推（Push）的力量，有了拉力基礎才可能發揮聯盟綜效的影響力。

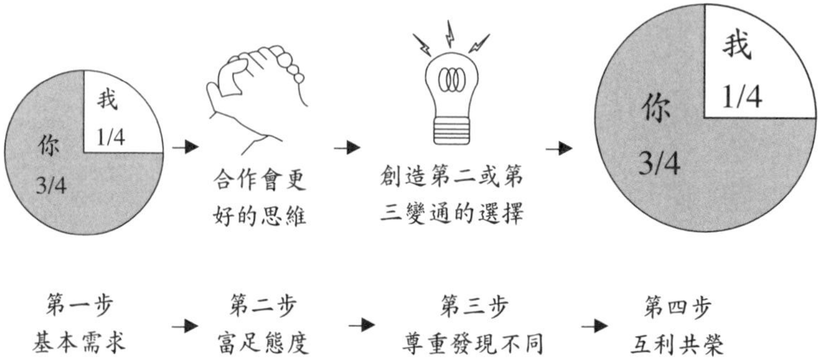

圖1-6

聯盟綜效的定義是合作後產出1+1＞3以上的結果

當在管理層面每個人能做好自主管理時，表示組織內的個人有了被鼓勵「異質互動」的發展空間，這個時候領導人的包容胸襟是非常重要的，包容的胸襟則來自「富足心態」的認知或思維。富足心態指的是相信合作可以創造更好的結果，亦即更大的餅，而不是擔心彼此將一塊餅瓜分，必須爭得你死我活。讓我們用圖1-6來說明，也許更具體且易懂些：

由圖1-6我們假設你、我兩邊原來在一塊餅中的需求是四分之三及四分之一，當你我雙方在市場上硬碰硬時，如果我們彼此具備「聯手合作會更好」這樣的思維或心態，就可以藉由開誠布公的溝通，徹底了解彼此間有何長處及不同的利益，由其中開發更好的變通選擇來滿足彼此或市場的需求，而任何第二、第三或更多的變通選擇都會優於傳統認知的「雙贏的精髓是折衷」。最後即使分布比例沒有改變，但你我的餅卻擴大了，所以彼此都得到遠超過需求的滿足，這樣的結果是互利共榮，建立的人際關係也因此才「長久」。這樣的觀念不只可應用在組織層面，因聯盟而結合出最佳的高專業人才、具競爭力的產品、品牌、信譽、利潤等等，它也同時適用在任何人與人之間關係的所有互動上，不論資雇雙方、父母子女、男女朋友、政府百姓等。

好習慣好結果

習慣是行爲的果，好習慣好結果

「習慣」由意圖（Desire）、知識（Knowledge）及技能（Skills）三項元素組合而成。

意圖是指我們內在動機的驅動力。最近外在環境的多元變化趨勢，誘發了許多人的學習動機，亦即學習的意圖，學習型組織便是這種趨勢下的產物之一。

但「學習」的字義有兩層內涵：

「學」是找尋知識、方法、技巧。有趣的是「學」這個字是「與孩子在一起，可以學最多」，或者詮釋爲保持孩子的思維，亦即那種好奇心，因爲思維歸零可以學得最好。

「習」是將「學到的知識、方法、技巧」用起來，就像「習」字告訴我們的，要在白天不斷展動羽毛試著飛行，才能從中累積自己的經驗，將知識方法轉換成自己的智慧後，才算眞正學到了。難怪有句西方諺語是這麼說的：「所有的試練都不過是再次呈現我們沒有眞正學會的課題！」

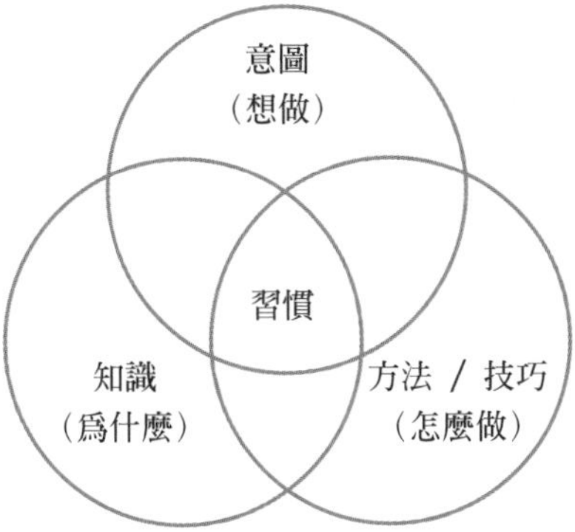

圖1-7

由此可知，意圖是驅動我們做或不做的意念，單只有「學」的意念，卻欠缺「習」的意念，成就不了我們的「習慣」。所以用心地將我們學到的知識方法不斷運用或練習，直到成爲「有慣性的行爲」爲止，才是習慣的完整定義。

知識是當我們對某件事情產生了想了解、想學習或知道得更多、更深入的「想法」或「意念」時，我們去發掘「爲什麼」的過程便是「知識獲得的過程」。

「技能」是了解「爲什麼」的背景後，需要習得「如何去做的方法或技巧」。當意圖結合知識、技能後，由做的過程所成就的便是「習慣」，如圖1-7：

習慣是否一定對結果產生正面的效

用，答案是「不一定」。舉例來說，從小我們可能會受父母偏好的習慣影響，而使我們對一些從未嘗試過的事物產生成見，比方說我個人對觸感滑溜的東西，如蛇、鰻、鱔、龍須菜、芡粉等等，始終存在著一種害怕的感覺，所以家裏的餐桌上也就從未出現過類似的食物。我也觀察到這種習慣影響所及，我的兒子也對類似的東西沒有興趣，這樣無形中就讓兒子減少嘗試不同魚品或菜味的機會，所以這樣的習慣產生的不一定是正面影響。讓我們再來分享一些工作上的習慣：許多人因爲欠缺「第一次就將對的事情做出好的結果來」這樣的認知與習慣，連小到裝訂一份檔的習慣，你都可以觀察到這人的工作品質。記得我在福特六和汽車公司從事「財務分析」工作時，有次急著要將一份報告裝訂好寄到美國總公司，因爲時間晚了，匆忙裝訂好麻煩秘書轉予當時的財務長簽字後寄出。只見財務長匆忙跑出來將檔用力地摔在我桌上，大聲丟下一句話：「這樣的裝訂品質我沒辦法寄出去！」說完立即轉身又進去了，留下面紅耳赤的我，差點淚下。接下來的是重新影印、重新裝訂等等重複的工作，只因「第一次」未將事情依我的客戶—財務長—對品質要求的滿意度來做好，所以費時費力而且難堪地收場。但這樣的學習經驗是深刻的，永遠不會忘記，它使我深刻認知到所謂的工作品質是從點滴做起，且要呈現一致性的水準，不可率性而爲；最重要的是，「工作品質」的評價要來自客戶，這樣的回饋較客觀、公正且創造了許多不斷提升水準的空間。有次我到旺宏電子公司拜訪，看見訪客大廳貼著一條標語：「紀律是品質之母」，令我感受深刻。就是因爲這樣嚴謹的要求，在一九九三年我爲「旺宏」開經營效益診斷分析課程時，在「標竿企業」比較中，旺宏的銷貨退回率是幾家直接競爭中表現最優秀的。這正代表「旺宏」堅持品質的理念，而品質的優良也是高科技公司重要的競爭優勢之一。

由上面的分享，我們知道只有正面、好的習慣才能成就好的結果。

回歸真我，找回當下

在一本《禪菩提》書中看見一首詩：「鎮日尋春不見春，芒鞋踏破嶺頭雲，歸來偶坐梅花下，春在枝頭已十分。」這首詩的精義與史蒂芬·柯維博士在《與成功有約》一書中有段話有異曲同工之妙。那段話是這樣描述的：「人在力爭上游的競賽中，常常無暇停頓一下，想想什麼對自己是最重要的事，遺憾的是當爬到屋頂的當兒，才驀然發現自己的樓梯放錯了牆面。」

前詩是描述當我們刻意埋首尋春卻不見春，一旦靜下來時竟然發現眼

前的春色已十分。後話則形容適時「停頓」可以讓我們有機會釐清方向。詩與話的背後都在提醒我們好景就在「當下」，當我們汲汲營營於未來時，卻同時也失去了體驗當下許多溫馨的情份與美麗景致，甚至也無暇享受努力經營所獲得的甜美果實。學了「與成功有約」課程—「高效能人士的七種習慣」後，努力實踐的結果，是自己不僅因均衡發展而獲得全方位的滿足，最重要的「不同」是能以赤子之心充分掌握住「當下」，享受人生奮鬥歷程的眞與美，令自己得到由內心而起的快樂。這是一種寧靜致遠、平淡卻甘醇的滋味，這樣的滋味則是來自以「原則」爲重心的生活。

原則與價值觀的不同

一個人的價值觀受家庭環境、教育背景、成長過程與文化塑造所養成，所以具備以下幾個特性：

（一）由學習而來的，所以是會改變的。

（二）是因人而異的，所以是主觀的。

（三）受地域限制，同時也不一定經得起時間考驗。

讓我們舉工作價值觀來說明。在一個人選擇工作時，有人可能以「薪資報償」爲重要的考慮因素，也有人選擇這份工作是以能否培養自己的「專業能力」爲最重要的考慮，但也有人選擇從事這份工作背後的「意義」，由此可見價值觀是因人而異，是主觀的抉擇。但價值觀無所謂對錯、好壞，因爲「它是會改變的」。比方說一個年輕人剛踏上社會，也許是家境的關係必須先求溫飽，所以考慮工作時是用「薪資酬勞」爲第一要素做抉擇；但工作了三、四年由於努力所產生的工作績效等等因素，成爲一個單位主管，正常薪資已足夠日常所需，這個時候價值觀可能便會改變成以該工作是否有「意義」或能否培養自己的「專業能力」爲最重要的選擇依據。經過三、四年，個人的價值觀不同了，因此價值觀不一定經得起時間考驗。讓我們再看看臺灣的經濟奇蹟主要是成就於早年「勤奮」的價值觀，但如果我們將勤奮的定義設在「每天工作十二小時以上」，並且用這樣的價值觀到美國一個追求均衡生活的國家，去要求美國人的價值觀要與我們一致時，便會碰到衝突不協調的場面，由此我們可以瞭解價值觀是有地域限制的。

至於原則是什麼?原則具有以下幾個特性：

（一）是自然法則，是眞理，所以是不可改變的。

（二）不因人而異，是客觀的。

（三）放諸四海而皆準，同時經得起時間考驗。

舉例來說：中國人所謂的因果迴圈、邪不勝正等等，這些都是符合上述三項特性的原則。如果我們將行爲的「價值觀」能結合到原則的層次，將使我們的適用性更寬廣、格局更大、內心裏更舒服，言行更能趨於一致。

價值觀或原則主導我們的抉擇

由前面的敘述，我們瞭解了價值觀與原則的不同，但爲什麼我們要釐清這兩者間的差距，同時建議將我們的價值觀與原則能結合在一起，以獲得更多更好的內心平和呢？爲什麼我們又需要「內心的平和」呢？主要是因爲人生的歷程中，我們不定時地需要做回應環境各種刺激或挑戰的抉擇，而這些抉擇都是受「個人的價值觀」或「原則」所主導，所以我們需要瞭解自己與別人的價值觀是什麼、有何不同、以及如何在不同價值觀下找到彼此可以接受的共識、答案或決策。如果我們能培養自己的價值觀結合到原則的層面，那麼我們所做的決策，就不易違背自然法則，且我們的決策放諸四海皆準，讓我們能用更富足寬廣的胸襟去面對各種挑戰與現實。找到藉由「原則」爲中心做決策的一貫及一致性，就不致使內心常因自己的不一致而矛盾衝突，心靈無法趨於平和，如果自己內心都無法平靜，又如何以「成熟心態」跟別人互動呢！

原則中心的眞諦

什麼是原則中心？爲什麼重要？讓我們用下面圖示來說明：

（一）刺激到回應間的自由抉擇是以原則或價值觀爲依據

由圖1-8，我們瞭解在日常生活或工作上，我們不斷需要由一些「刺激」中選擇回應的方法，而每一回應的抉擇，其實都是由我們的價值觀或原則所主導。

舉例來說，業務人員帶回有關客戶需求的「刺激」是因爲客戶的組織規模很大，可以提供「量」的訂單，所以希望有「優惠特價」。若公司因此「刺激」而選擇了爲這客戶做了一個適用這客戶的「特別優惠價」，則明顯地，這個公司主管的抉擇是以「價值觀」爲出發的。假設其他客戶也有同樣的「量」，事後卻由同業交流中發現了這個事實，不僅客戶會有「受騙」的感覺，公司也違背了生意上的「誠信」原則。因此，一個以「原則」

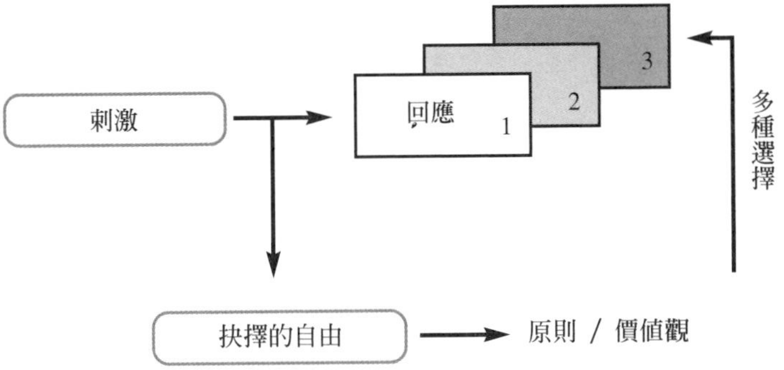

圖1-8

爲主導的公司，針對這樣的要求，便需從「長遠適用性」的角度來思考，而設計出一套可以適用所有具有同樣「量的需求」的客戶來下訂單。這樣一來，不僅不會發生違背誠信原則的後遺症，且所有制度走向「單純、一致性且透明化」，讓員工特別是業務人員及客戶均容易採用，這就是所謂原則與價值觀的不同。

（二）角色的讚評宣言呈現了價值觀或原則

由圖1-9工作及家庭角色所舉的幾個讚評宣言例子的陳述，我們可以知道自己角色背後的貢獻與價值，比如，教練的原則是愛心，父親的原則

角色	讚評宣言
1.工作角色	
.教練	以愛心將釣魚的方法傳授予部屬。
.部屬心聲傾聽者	要信任並尊重部屬期望，以眞誠及正直回應部屬的要求。
.以下類推……	
2.家庭角色	
.父親	成爲孩子學習共成長的夥伴及忠實摯友。
.以下簡略	

圖1-9

是學習成長及忠實。

重要的是角色的讚評宣言不是牆上的一句標語，而是需要身體力行的，這樣才能活出角色的生命價值與意義來。

舉例來說，專業經理人必定扮演的角色是「教練」，所以面對部屬犯錯時受到的刺激，教練會回歸到以「自己讚評宣言」角色中的「原則或價值觀」來回應。若當下教練覺得這部屬平日表現欠佳，正好用此機會好好整整他，那顯然教練違反了兩個原則，第一是用「價值觀」在回應部屬引發的刺激，因爲「回應的抉擇」是因人而異的，是來自主觀判斷的；第二是違背了「自己讚評宣言」所訂下的「愛心」原則。

所以一個身體力行的教練，在這刺激的當下會回歸自己的讚評宣言，用「愛心」來抓住這關鍵的時刻，並且與部屬坐下來檢討「犯錯過程的學習」，使部屬能累積「解決問題的能力」，將原本用「價值觀」回應所可能產生的「負面影響」轉化成「正面學習」的「投資」，這就是「讚評宣言」及以「原則」爲中心所產生的「正面效益」了。

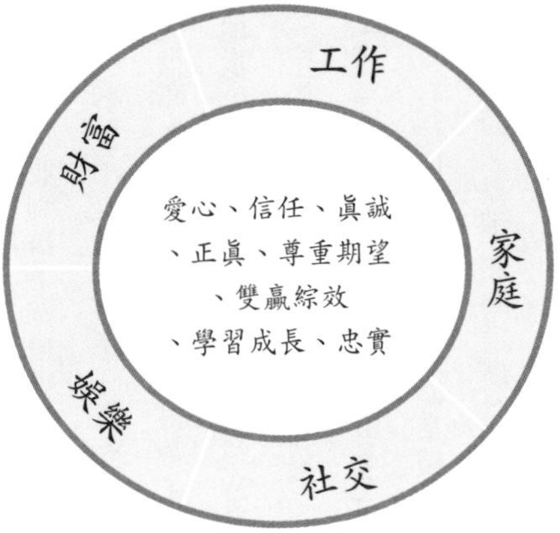

圖1-10

（三）以原則爲中心來回應各種角色運作時所面臨的刺激

我們將每個角色讚評宣言中的原則（有劃線的部分）彙整在我們各種角色的同心圓當中（如圖1-10），那麼無論我們是在運作「賺取財富」或進行「社交」的角色，我們都可以運用核心所列的原則或價值觀來協助我們在碰到刺激時的回應。

舉例來說，有位朋友從事證券投資業，我們希望通過他來協助我們有效地累積財富，當我們彼此合作的過程中，遇到任何不順利的情境或刺激時，若我們都能用眞誠、正直、雙贏的原則來回應，相信雙方建立的合作關係才能長久。

又比如我們與子女的互動，我們希望以學習共同成長的原則來成爲孩子的摯友，那麼當我們接收到孩子做錯事的刺激時，我們便會用做錯事是學習成長必經的過程這樣的原則來與孩子互動，孩子在有充分的安全感下也較易面對自己的錯誤且學習用更好的方法來做事，而不用擔心動輒得咎，最後將許多錯事刻意隱藏起來，甚至累積到不可收拾的地步，這就是所謂的原則中心式思維。

至於要用價值觀或原則來回應，在這裏建議儘可能用原則爲依據，較符合「永續觀」或「長遠觀」的做法。相信讀者亦可由前面所描述了的幾個實例瞭解：

只有趨於「原則」，才能累積「一致性」的行爲習慣，也因此可見「原則中心」之所以可以找回心靈平和的道理，是因爲我們自己行爲保持一貫性所致。

（四）即使採用原則中心，您仍不能掌握結果，結果由原則主導

在課程進行中，常有學員提出一個實際的問題，如果每個人都用原則爲中心生活，就一定可以得到好的結果嗎？答案是不一定的，因爲結果是由「原則或自然法則」所主宰，這觀點其實與中國人的「因果論」是一樣的道理。

相信讀者一定有這樣切身的經驗，很多時候在堅持「原則」的當下常是在非常關鍵

的時刻。比如，有次在一自助火鍋店便發現這樣的實例，在用餐時間店內正高朋滿座的時候，有一群客人吃完餐正在離開空出四人的位置時，老闆娘必須在一組先到的兩人及一組後到的四人中做抉擇：到底要將位置分配給哪一組客人坐！若老闆娘是由價值觀出發，她一定選擇四人小組先就座來保障自己的利益。但我眼見老闆娘以客戶公平權益為原則，將空出來的座位給予先進來的兩個客人，而後進來的四位見位置泡湯後馬上準備離開，只見老闆娘陪著笑臉不停向四位客人道歉，並請四位客人包涵「公平」的原則。

從上述的例子我們明顯地看到「老闆娘」因堅持原則反而收益少了，但有趣的是隔了十分鐘後四位客人又回頭進火鍋店並告訴老闆娘他們討論的結果，四人一致認為老闆娘的抉擇是公道的，所以又回來了。

這過程我相信老闆娘的「原則」不僅與這六位顧客建立了「信任」的良好關係，同時其他客人看在眼裏，也一定會受影響而成為「忠誠」的客戶，難怪那家火鍋店的生意始終歷久不衰。而上面這過程不也符合中國人的「因果論」嗎？余秋雨先生的話是這樣說的：

「智慧是東西驗證的，道理則是今古呼應的。」

持續成熟七習慣

持續成熟高效能

史蒂芬．柯維博士的傳授方法可用「簡易、速精」來形容。一位良師，教學最重要原則有二：

（一）以了義不以不了義—意思是自己要通，而非一知半解。

（二）以智不以識—知識是死的，是需要經由自己的實踐將知識活用成生活智慧，再經由好的方法來分享創造價值。

前面幾篇文章，分享的是「與成功有約」課程基本概念的部分，一共分爲以下幾個重要的單元：

（一）思維—要鮮活，不陷入自己、他人及傳統框架中。

（二）習慣—是知識、方法、意願的結合體，缺一不可。

（三）品格能力—是建立信任的基礎，也是一個人立足的根本。

（四）改變循環圖—習慣是一個人靠不斷打破思維、運用好的方法及工具來養成一致性的行爲，能夠進一步激發潛能，達到不斷創造價值的高效能結果。這樣的結果將不斷刺激三百六十度利益關係人的需求，而使個人、家庭及組織長期保持在一個良性循環的架構中運作，不致陷入無法應變的風險。

（五）原則或價值觀—如果我們能由價值觀的層次提升到原則層面，不僅自己內在平和自在且格局更寬廣。

（六）情感帳戶—不斷累積人際關係存款，以豐富自己的人際閱歷。

（七）產出/投入均衡—是「高效能」的精髓，在經營成果亦即收穫金蛋的同時，不要忘了要養金鵝，亦即做有效的投資，這樣才能奠定永續經營的基礎。最近在許多媒體報導上我們都看見台積電董事長張忠謀先生運用不景氣的「契機」做「人才培育」的工作，也就是所謂的「養金鵝」。

有了以上一些「基本概念」的學習與思維基礎後，我們再來回頭分享第一節所提到「高效能人士七習慣」的架構—持續成熟圖。

首先讓我們解讀七習慣系統化的架構：

（一）態度：習慣一—主動積極及習慣四—雙贏思維。

持續成熟圖

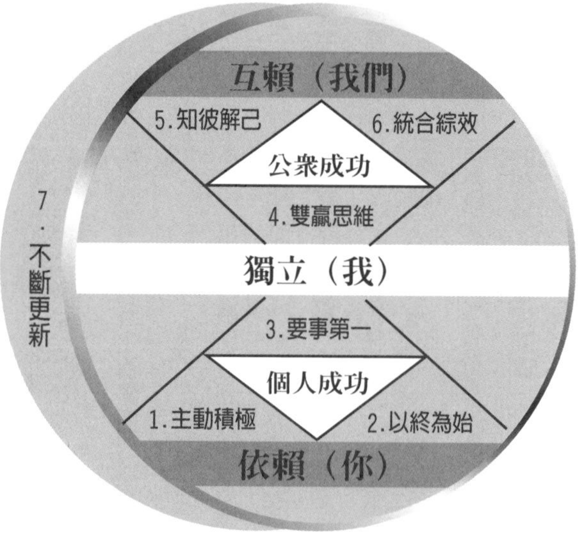

（二）方法：習慣二—以終爲始及習慣五—知彼解己。

（三）結果：習慣三—要事第一及習慣六—統合綜效。

（四）修身：習慣七—不斷更新。

若將「與成功有約」的內涵與中國人的哲理相印證，習慣一、二、三是「獨善其身」，習慣四、五、六則是「兼濟天下」。所以我常覺得「持續成熟圖」是將中國人的哲理用西方人的系統化方法論架構起來的，學起來倍感親切。

知易行難深具挑戰

曾經有上課學員提及這七個習慣沒什麼特色，何以效能高？我個人完全同意。其實許多理論到最後都是殊途同歸，彼此相通的。既然是許多人都知道的，爲何需要一學再學？這是有趣的問題。這也是何以有一首聖歌是如此教誨的：「所有的試練都不過是再次呈現我們沒有眞正學會的功課！」

當眞理越是簡單，實踐便越具挑戰，這是思維上的輕視與言行上的不一所導致。我們公司經營轉型的歷程便最能檢視這七習慣的實用性：

去年二月過農曆年時，匆忙在一個星期中交接了原屬佛蘭克林臺灣分公司的經營，接手的過程讓我們由一個訓練顧問服務的公司擴大到另一個門市銷售及產品零售的領域。這擴大的領域是過去我們所沒有的經驗與專業，也因此我們陷入了依賴期。但由於我們的態度是主動積極（習慣一）的，且接收前便瞭解要有效經營，是需要在最短時間通過「核心關鍵能力」所建立的策略，一同朝公司的願景而努力（習慣二）。所以第一階段的六個月是建立我們所能提供效能服務的產品、人力及運作流程與系統的時期，讓經營先能由第一階段的依賴期走向第二階段的獨立運作，再與國內外不同資源掌握者來謀求達到第三階段的互賴期。

而由獨立走向互賴，不僅內部資源（含人力、物力及財力）需重新佈局，同時外部資源的運籌也需運用差異化的策略來回應。首先我們必須有富足及互利共榮的思維來開發不同的通路與商機（習慣四），接下來我們需要藉由不同領域具有銷售能力的業務人才去開拓不同的通路；一開始先瞭解對方的需求，再進而共同開發多贏的合作模式（習慣五），再繼而朝第六習慣，亦即透過多贏合作模式來共同創造更多更大的商機。這整個過程便是六習慣的進展。當然不諱言的是發展歷程中有許多抉擇的過程，也難免有價值觀與原則發生互斥的情況，每逢這種刺激的來臨，我都當它是一種考驗智慧的關鍵時刻，如何運用策略來結合價值觀與原則以「創造價值」，便是對自己最大挑戰。由於欠缺經驗，難免有困難抉擇的時刻，但越困難成長機會越大，也是不斷尋求突破的最關鍵時機，絕不輕言放棄。

第七習慣「不斷更新」則是其他六習慣的基礎，當經營面臨轉型，有無辦法突破全賴於日常累積的實力。環顧我公司整體人員的素質，當核心能力一步一個腳印地建立時，相信也是我們躍進式成長的時刻，我深信最後的花朵終將爲堅持不懈到最後一刻的人而綻放。

第二章　魅力心靈

鮮活思維

中國有句古諺：「強將手下無弱兵」。這句話的關鍵在於爲何「強將」就不會有「弱兵」！其實說穿了道理很簡單，因爲強將看自己的手下是「將」，不是「兵」；換言之，強將是用「培養將才的思維」來帶領部屬一起創造格局，所以「結果」不同。

「思維」是指一個人看世界的角度、方法與認知，每個人不同。有些人的「思維」有許多「自我限制」，但也有許多人「沒有」自我限制。什麼是自我限制？比如，中國人傳統的「士、農、工、商」的階級觀念便是一種自我限制的思維觀，同樣也有許多人的思維是「條條道路通羅馬」；重要的不是你在哪個階層，關鍵是你如何打破傳統思維；後者的思維便「沒有」自我限制。

「思維」還有另一種不可輕忽的限制，那便是許多人不僅有自我設限的框框，甚至於還用這樣的框框將周遭人給圈住了。比如說，有許多主管或領導人認爲公司或組織裡「無」可用之才，用這樣的思維去圈住了其他主管或部屬，久而久之，許多主管或領導人在組織中只是被當成「兵」來用，所以潛能便漸漸地潛入冰山下，發揮不出來。嚴重的是，過幾年看他，他眞成了一只「兵棋」而已。但也有人受不了將才被當兵來用，而另

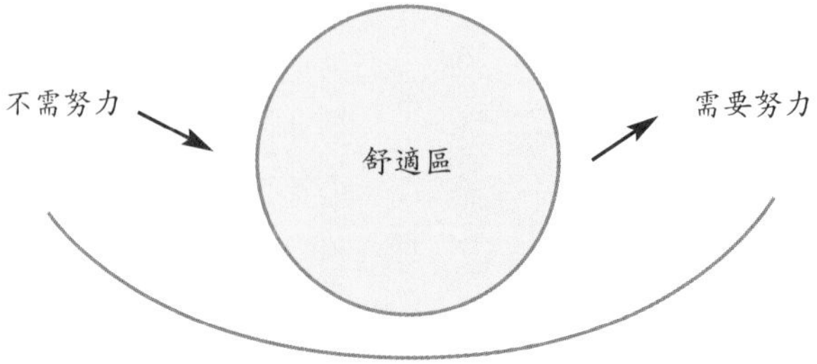

圖2-1　自我察覺圖

謀出路，有趣的是，許多人也因此開創了自己的格局成爲「將才」。

所以當我們談「領導力」的時候，不妨先檢視自己的思維是將還是兵，如果是將，很棒，接下來要做的事是檢查品格與能力。若是兵，就更棒了，如果內在裡並沒有「成將」的意願，不用勉強，只要自己內心平和舒服便好；但如果不甘屈就只做「兵」，那麼機會來了，首先先改變自己的思維，其實它只存在於一念之間，只要相信自己可以成「將」，跟前者一樣，只要再進一步檢視自己的才能，用有效的方法培養，有朝一日一定可以成爲一個優秀的領導人，因爲您的「思維」將「成就」您的結果。

當我們了解「思維」後，許多人一定會好奇地問，如何可以保持「鮮活思維」？最好的方法是通過終生學習來保持自己的「自覺」能力。所有的改變都是來自「自我覺察」，沒有自覺能力的人，很容易停頓在自我察覺圖（圖2-1）的舒適區中，時間一久，便喪失了應變能力。

最近幾年，由於外在環境變遷速度太快，幾乎所有的公司、組織、家庭及個人都需要面對大小格局不同的變革，要觀察一個人有無自我覺察能力或自覺能力的強弱，在變革環境的當下，最容易看清。那些長久停留在舒適區的人，環境一變，常是最惶恐甚至是最容易被淘汰出局的；相對的平日自覺能力高的人，因爲時時保有危機意識，便有能力做好預防的準備，因此變革不僅不是危險反而是種機會，所以有句話是這麼說的：「好運爲隨時準備好的人而存在。」如果您期許自己是個頂尖領導人，那麼提醒您一下，不妨檢視自己的思維，看看自己思維的鮮活程度如何！筆者是從事領導力培養的講師，也不表示自己的思維是經常性的鮮活，舉個最近發生的實例來說明。前幾天與朋友一起外出用餐，結帳走出大門時，門上明明標示了「拉」字，我口中也說「拉」，但實際行爲是「推」。當場自己都忍不住哈哈大笑起來，因爲看見了自己思維與行爲間的落差。但是就因爲我學習領悟「鮮活思維」的重要性，讓我能保持自我覺察的能力，一旦自覺到落差的存在，便有能力去改變。就怕落在這樣的思維中卻完全沒有自覺，那就相對地喪失了改變的能力。

過去常聽人說「領導人」因曲高而和寡，所以會陷在孤獨的情境中，更可怕的是地位越高越孤獨。現在想想這樣的說法其實有許多可議之處。因爲越孤獨的領導人可能就是「思維越不鮮活」的領導人！爲什麼？因爲陷在自己成功領導的情境中而不自覺，慢慢地周遭的人也就失去了正直的道德勇氣，不再提醒您如何可以更好，漸漸地便升起了孤立的屏障，陷自己於獨戰中。您呢？想成爲什麼樣的領導人？其實抉擇權操在您自己的手中，要明智抉擇，不是嗎！

領導人的角色

示範、拓荒、聯盟、啓能

在上篇文章中，我們分享了「鮮活思維」的重要，這篇讓我們來分享「頂尖領導人」的定位，亦即角色的扮演。

中國古諺說：「言教不如身教」，這句話不只適用在家庭，也適用在工作上。被美國《時代雜誌》評定為「全美最具影響力二十五位人士之一」的史蒂芬・柯維博士在《與領導有約》一書及「原則中心式

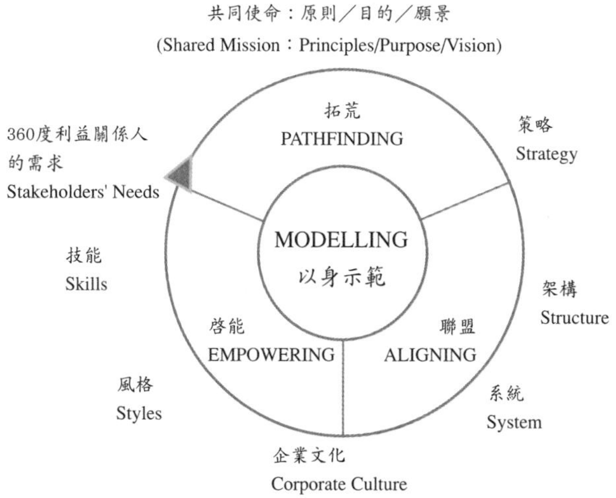

圖2-2

領導」課程中，將領導人的最重要角色定位成四個，讓我們用下列柯維博士聞名全球的「原則中心式領導思維觀」來分享「領導人的四角色」：

上列思維觀是指領導人透過四個重要角色，來將經營的「7S」要件聯盟起來，使經營績效極大化：

（一）示範家

是企業文化亦即實踐經營原則的示範人，只有言行一致，三百六十度利益關係人（Stakeholders' Needs）才能認同，在共識下為組織創造最大利益，來達到效益極大化的目的。讓我們回顧早年中國台灣經濟奇蹟軌跡下，幾個具代表性的領導人，如李國鼎先生、尹仲容先生、趙耀東先生等等，他們之所以令我們印象深刻，其實最主要的是「言行一致」以身示範。示範家也是企業文化的實踐者或塑造者。

（二）拓荒家

不斷編織企業或組織發展遠景及存在價值，使三百六十度利益關係人能在具長遠觀的方向下共創未來。

由台灣的幾位成功企業領導人，比如說台積電張忠謀先生、宏碁施振榮先生、台塑王永慶先生、奇美許文龍先生都是拓荒家的代表，他們成功的關鍵在於有遠見及策略性思維，掌握住企業發展的先機。

（三）聯盟家

企業成功經營另一關鍵要素來自統整人力、財力、物力各種資源的能力。頂尖領導人就是透過企業或組織架構（Structure）的發展規模與人、財、物資源聯盟，再運用有效能的系統（System）運作才產生「成功經營的結果」，我們由企業家統一企業高清愿先生、神通集團苗豐強先生等身上都可看見「資源」聯盟成功的實例。

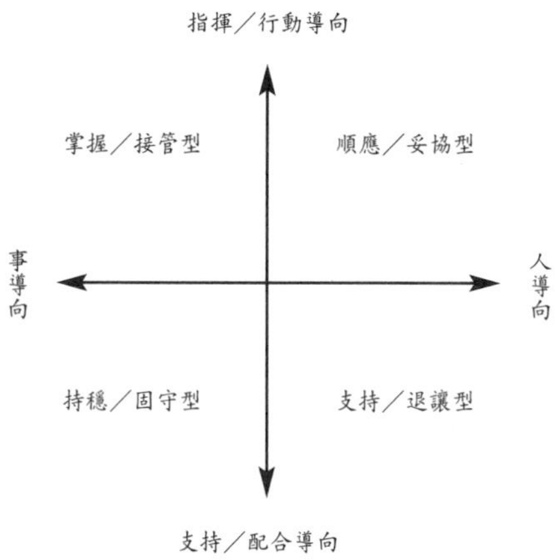

圖2-3　LIFO人生取向行為風格

（四）啓能家

頂尖領導人本身有不同的主風格，大致上可分如圖所示四種。

我們將LIFO人生取向行爲風格圖（圖2-3）與前四個頂尖領導人角色來印證，我們可以發現領導人的風格不同直接反應在企業經營的規模、格局及類型上。

比如主風格是「掌握／接管」、次風格是「持穩／固守型」的領導人較傾向專精於本業或產業垂直整合模式的經營。

若主、次風格是「順應／妥協」及「掌握／接管型」，則企業發展較易走向多角化的經營模式。

另外若領導人的風格較偏「人導向」則以從事服務業者爲主，若是「事導向」則走向「技術」爲主。

由上面的分享，我們可以看出來領導人的風格不僅呈現在個人領導風格上，而且主導組織發展的規模及型式。這裡強調「頂尖領導人」的第四個角色是啟能家的意思，是指領導人不僅要充分發揮自己風格的長處，而且還要有能力將組織內的「人才」技能培養出來與自己風格長處結盟，發揮一加一大於三的效益。

我們由幾本介紹張忠謀先生的書都可以看見，曾與張董事長共事過的部屬、同僚或供應商、合作伙伴對張董事長因「不在品質上妥協」的嚴格要求而受益良多的過程，便可看見張董事長在「啟能家」角色的成功，也因此成就了「台積電」這受全球矚目的公司。

領導人的角色定位將主導一個企業的發展與格局，角色定位也是一種思維，看得見才做得到，實踐才能成就結果。要成為「頂尖領導人」，是需要由策略性鮮活思維及正確的角色定位開始的。

魅力領導序曲—策略規劃

策作形角，缺一不得成事

前兩篇我們分享了頂尖領導人的「鮮活思維及角色」，這篇我們來探討領導人最重要的能力—「策略規劃」。孫子曾就「策略思維」有過以下說法：

「策之而知得失之計，
作之而知動靜之理，
形之而知死生之地，
角之而知有余及不足。」

策是策略性的計畫，亦即完成「願景，使命」的有效方法；作是目標及運作流程的

設計；形是面對市場，由客戶的滿意度及各種競爭者的挑戰中做生死之搏。

角是定期評估，才能知道策略之有效與不及之處。以下是「簡易策略規劃十三帖」與讀者分享。

策略規劃第一帖─原則

請閉起眼來，仔細思索一下，您成長的歷程中，有沒有崇拜的偶像？或最尊敬的人？他們爲何令你崇拜或尊敬？他們有哪些特別的特質是令你傾心的？舉例來說，我曾檢視自己最敬重的人是我母親，她一肩挑起一家八口的生計，爲此鞠躬盡瘁不求回報的付出令我終生無法忘懷。當我檢視母親的一生，發現她的一些做人原則：己所不欲勿施於人、盡忠職守、飲水思源等等均對我產生深遠的影響。這些原則，不因人的不同而不同，不因地點不同而不同，最值得一提的是，這些原則是經得起時間考驗的。因此我也選擇這些原則來立身處世，它們就像羅盤一樣，讓我清楚自己的選擇及方向，我會將自己信守的原則拿出來檢視自己，並從中找到重新出發的動力。這些原則是否適用在經營事業或職場生涯上？它是完全相融和的，比如，己所不欲勿施於人可以轉化成互利共

榮，盡忠職守轉化爲忠誠一致，飲水思源則是感恩回饋。如果您是領導人，不妨想想您的經營原則是什麼？

策略規劃第二帖—價值觀

價值觀與原則的不同在於原則是客觀的，就如老子《道德經》中所言，原則是依循自然法則而來，是全球不分人種均適用。價值觀則不同，它是主觀的，受家庭、成長的歷程及社會鏡射的影響而養成。比如，有許多人認爲物質報酬是最重要的價值觀，但也有人認爲能不斷創新是他最重要的價值觀。價值觀並無所謂對錯、好壞，它也會隨著年齡及環境的不同而有不同的選擇，因此價值觀也會因人而異。但價值觀爲何重要？因爲它是您「做決策」的重要考量因素，說得更白話些，價值觀反映了您的「內在需求」。身爲一個領導人，你會選擇什麼樣的價值觀來作爲你經營事業的行爲準則？

策略規劃第三帖——使命宣言

使命宣言是要您思考您追尋的夢想是什麼？（遠景）什麼對您而言才是最能保持一致性的（原則）？您存在的目的或價值是什麼？將三個加在一起便可寫出您經營事業的使命宣言，比如奇美許文龍先生的使命是：「提供員工幸福的生活。」美樂蒂幼兒美語公司是：「一人學美語，全家都歡喜。」使命宣言沒有長短的限制，最重要的，「它」是你經營事業的羅盤（大方向）與願意不屈不撓去實踐的承諾。

策略規劃第四帖——釐清角色

當使命宣言已撰寫出來，接下來，便需要整理一個領導人在使命宣言中要扮演哪些必要的角色？並爲這些角色下正確定義，比如，你要扮演一個能啓發同仁潛能的教練，或創造資源效益極大化的統合者等等。

策略規劃第五帖——成功關鍵因素

在定下遠景及釐清角色後，便可思考發展自己的事業、完成遠景有哪些「實力」是必備的、不可或缺的。

比如，自己在某方面的專業能力，或累積一些財力來發展事業，甚或自己並不一定要有財力，可以借力使力，以經營自己的信譽來吸引別人的財力，這也是一種成功的重要關鍵因素，如果找不到，怎麼成功？

策略規劃第六帖——ＳＷＯＴ強弱威機分析

當我們有了經營事業的藍圖——使命宣言，接下來是在實踐「使命宣言」及掌握「成功關鍵因素」前的自我診斷及做外在環境的評估，了解自己的強勢有哪些？自己的弱勢有哪些？可以預見的機會點在哪裡？同時也提醒自己可能面臨的威脅。重要的是，分析後才能知道自己實現遠景要用什麼策略，投入多少資源及心力才能達成。

策略規劃第七帖——長、中、短期目標

目標是達成遠景的階段性成果。目標規劃過程要留意短期成果是否能成爲中期目標發展的基礎？這樣的規劃設計才能發揮資源效益極大化的效果。比如，長期目標你要成爲一個企業的頂尖領導人，那麼你一定是由基層的主任（短期）開始努力，三年後成爲中層主管，五年後才能成爲頂尖領導人（長期），這樣的發展設計就是長、中、短期目標。

策略規劃第八帖——策略

策略是達成目標的方法，以基層幹部爲例，由組長成爲經理，其中最大的不同是由個人走向管理。爲了達成這樣的目標，我的策略是有效培養自己具有競爭特色的管理能力，才能在基層主管任內掌握得住且不斷扎根擴大組織的結構，爲第二階段的中層主管奠定扎實的基礎，這就是達成目標的策略，是目標能否實現最重要的關鍵因素。

策略規劃第九帖──細步工作計畫

策略不會自己走路，必須透過細步計畫的執行才能達成目標。依循前面的案例，比如養成管理能力的策略之下，就必須計畫如何養成？是參加基礎管理能力訓練？或試著由帶領七個新加入工作伙伴培養管理能力等等，最終，只有可以完成目標的計畫執行，才是有效策略。

簡易策略規劃第十帖至十三帖

提筆至此，策略規劃架構圖（圖2-4）已完成了百分之六十，其他由第十帖至第十三帖是必須經由實踐去完成的。經由「執行」、「評估」、「修正」、「再執行」，您將會發現自己正一步步朝頂尖領導人的方向邁進。

任何成功都不可能一蹴可及，一定是「你要怎麼收穫，便要怎麼栽種」，這是自然法則。越早能將「策略規劃十三帖」用起來，您便越能實現自己經營事業的理想。不記得在那本書上看過這句話：「嚴格講，成功與不成功的差別只在於有無實踐決心及能力。

同樣的方法，能成就願意實踐的有福人，但對只將方法看成是『另一套而已』的人則是垃圾。」謹以這最後一段話跟所有讀者共勉，願您在經營事業的歷程中順利成功。

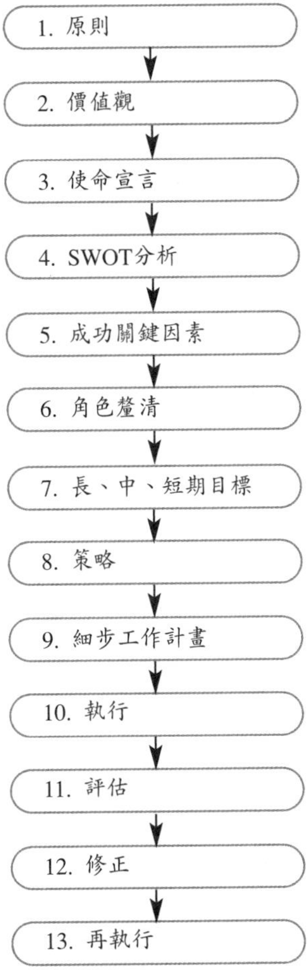

圖2-4　策略規劃架構圖

魅力領導首部曲—行為風格

記得剛出來工作的時候，公司裡的總經理亦即最高領導人的年齡大約是五十五至六十歲。換言之，由大學畢業進入社會經由基層開始歷練至高層，需經歷二十六至三十六年，通過下列五個不同層面的經歷才能成就一個頂尖領導人：

一、不同人數：開始時也許是由一、兩個人的管理開始，再慢慢五個、七個至數千人，經由人數的多寡來驗證領導力。

二、不同對象：由每個層面領導不同的人都能得心應手，是第二種層面驗證一個人的領導力。

三、不同層次：由扮演基層主管、中層主管再發展到高層主管，然後進而負責公司的經營，便是第三層面領導力的驗證。

四、不同專業領域：在前述漫長的養成期中還需兼顧全方位不同領域的培養，才能成爲一個能開拓格局的頂尖領導人。

五、不同行業領域：到最近五年，在併購及全球無疆界經營蔚爲風潮的趨勢下，頂尖領導人還需要再經歷跨業或異業領導力的養成。

但最近五年，擋不住的組織年輕化趨勢，業界早已打破了前述「成就一個領導人」的傳統模式，若用心觀察，許多企業領導已快速由三十五至四十歲的領導人接任，亦即養成時限縮短了約二、三十年。具體地說，也就是現代領導人都在現實的「錯中學」下加速養成。

在這樣的環境趨勢下，如何快速養成便需要運用「一針見血」的方法。因此，在最近五年以來，許多促進人與人了解之行爲風格或建立「全腦優勢」由生理學角度發展的問卷與學說便應勢而生。這裡所談到「行爲風格」或「全腦思維」的個人或團體報告，是協助人們由幾種面向來了解自己，同時據以了解他人的科學工具。使用風格問卷有幾個非常重要的原則，是領導人務必掌握的：

一、它是一種「自覺」亦即了解自己的工具。

二、是一種協助個人開發潛能，進而在團體上則爲強化素質的工具。

三、人因自覺而會改變，所以不要讓行爲風格或全腦思維的結果淪爲貼標籤的工具。

四、好的行爲風格或全腦思維評量與分析，是歷經數百萬常模的研發基礎而發展成功，不僅可靠性高，而且也可以廣泛應用在所有的管理技能上。

不同的風格主導不同的經營結果，在前面的文章中也曾分析「風格」是「7S」中非常重要的元素，是成功領導人必修，也是必備的能力。

由陳子良博士引進交由鼎鼐經銷的「行爲LIFO風格評量問卷與報告」是我個人非常鍾愛的一套領導工具，在爲許多主管進行評量，到課程傳授，進而做組織及個人的診斷、諮詢顧問的過程中，看見許多人因此而強化了領導力，這是最爲欣慰之處。謹將實務上的一些心得與讀者分享。

以下，先用簡單的一個架構來介紹LIFO行爲風格。LIFO行爲風格是結合價值觀與行爲模式的一種評量與分析，經由評量問卷的測試，大致可將行爲風格分爲四類型（圖2-5）

列在矩陣圖的細目是各風格的重要長處。行爲風格強調一個人的長短處是一體兩面，長處過當便成了短處。這觀點與劍橋大學貝爾賓博士的研究是相互呼應的。貝爾賓博士認爲有長處的同時便匹配了「可容忍的缺點」。舉例來說，做事具備仔細特質的人，很經常地也具備了一種可容忍的缺點—動作慢。但貝爾賓博士強調，不要強迫一個人去改變他的缺點，而應該是「管理」它。換句話說，一個動作仔細的人只要搭配一個可以掌握時效、目標特質的人一起互動，便可避免因爲慢而造成的問題，這就是所謂的管

LIFO　行爲風格

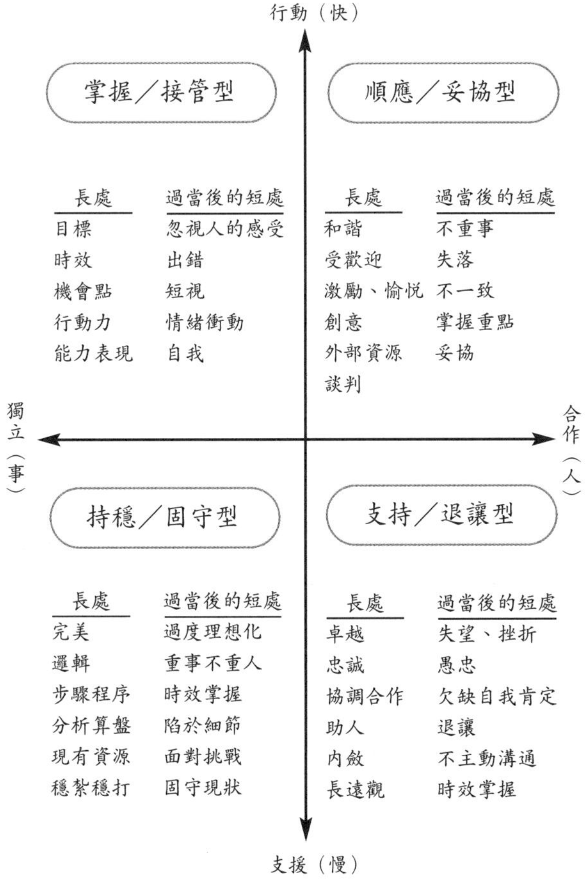

圖2-5　LIFO行爲風格

理。但一旦我們因爲不懂而勉強要當事人去改變短處，很經常的事實是，短處改變的同時也失去了原來風格上的長處，這樣的改變是否妥當，是值得深思與商榷的。

前面我們提及行爲風格評量工具的目的是開發人的潛能，讓我們用實例來說明：

表2-1是一份評量結果的分數報告，分成兩種情境，一爲順利情境，亦即一般情境；另一爲不順利情境，亦即有壓力或衝突情境。我們由上面這份結果報告可以很清楚地看見人在不順利時風格會改變，由原來的主風格—「掌握／接管型」轉變成「支持／退讓型」，這樣的轉變不一定是建設性的改變，特別是在不順利情境下的風格展現經常是過當的反應爲多。經由風格區分之意圖、行爲及影響三行數字間

順利情境				
行爲風格類型	順應／妥協	持穩／固守	掌握／接管	支持／退讓
意圖	9	5	16	7
行爲	8	6	7	7
影響	5	7	5	8
合計	22	18	28	22
不順利情境				
意圖	3	4	9	12
行爲	5	5	8	11
影響	7	7	10	9
合計	15	16	27	32

表2-1

的落差，我們不僅可以了解自己想的、做的和他人看見的自己是否一致，同時藉由風格呈現方式所影響的結果，可以找出具體開發自己潛能的策略，建立自己適應各種不同領導情境及變革的應變能力。

「行為風格」的應用非常廣泛，不僅能協助個人擴展業務及人脈格局，且能應用在衝突管理、時間管理、壓力管理、團隊建立、應變管理及有效溝通上，是頂尖領導人必須了解與掌握的課題。

魅力領導三部曲—數據管理

數據管理是領導人的必備能力之一

許多領導人都是業務出身，對數據不太內行，在領導的領域上，遇見風險時，經常不知如何因應。對數據的敏銳度是一個頂尖領導人必備的能力，我們由台灣許多頂尖企業家身上都可得到這觀點的驗證。比如，許文龍先生在《觀念》一書中，雖然強調不要被數據所束縛，但卻一再善用數據經營，創造了經濟規模的優勢。在《再造宏碁》一書中，施振榮先生也一再提醒善用數據經營「生產力」的重要。而早期的石化業龍頭王永慶先生更是因精於數據管理而名聞全球。

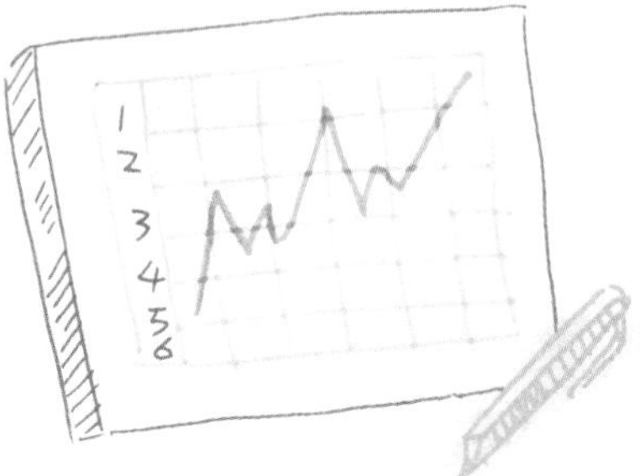

「數據」究竟對領導力有何助益？讓我們細細來分析。

財務數據的功能是創造生產力

許多人一聽到財務便強烈地排斥或毫無興趣，是受一般傳統觀念認為財務是「複雜且繁瑣」這樣的思維所綁束，事實上，財務非但不枯燥無味，若找對了學習的課程，學起來歡樂而有趣，且具備以下幾個非常重要的投資回收：

（一）能藉由數據的了解與掌握而強化經營能力

一個頂尖領導人需要對經營結果負全責。若不懂財務數據，如何知道自己的經營實力？若經營狀況不佳，甚至不知如何運用數據來引導成員找到更有效的方法，突破瓶頸創造更好的經營績效。筆者前幾年接掌了一個公司的總代理權，接手後才發現這公司之前幾年的經營呈現嚴重虧損的狀況，便深入分析追究其原因，才發現過去的經營者因不諳財務，所以無法將所有人力、財力、物力的資源管理好並創造出績效來。為此，我們培養「全員財管觀念」，經過艱辛學習及尋求更佳經營方法，雖然一年下來，營業額與過去相比並無成長，但不同的是我們有了些微的利潤。這樣的改變與績效，對組織有很大鼓舞的效應，它激勵公司全員均爲自己的價值創造而努力。這近一年的過程是相當艱苦的，但當佳績展現時，那種因努力而產生績效的甜美果實，是令人珍惜且回味無窮的。

（二）善用財務數據可以強化領導人的說服力

這道理很簡單，比如說當我們描述台達電子公司的時候，我們若說「台達是知名的電源器供應商」跟我們說「台達電子公司是全球排名第一的電源器供應商」所感應到的印象是截然不同的。所以若善用數據不僅可以強化領導人的影響力，同時可提升個人的說服力。

（三）懂財務數據可以使資源效益極大化

經營一個事業或組織必須面對許多挑戰與現實。如果懂數據，可以務實地一步一腳印地經營而不浮濫誇大，不至於光做表面功夫，卻忘了「裡子」的重要。務實地經營是來自善用資源的能力，換言之便是將每一分資源用在刀口上，創造經營績效。

（四）財務數據能力能創造同仁成就與滿足感

一個組織若能引導成員運用數據來創造個人的工作價值，不僅在組織內部可以自然形成良性循環的氛圍，個人也因自己的價值創造而感受學習與成長的喜悅，這種滿足感不是任何物質報償可以替代的，因爲它成就的是一個人立足的眞實能力而非花拳繡腿式的包裝，只能滿足一時卻不長久。

快速累積財務數據管理與運用能力的方法

只要方法得當，十六小時足以建立一個人的財務數據能力。學習財管有四個報表是必修的：

（一）財務的歷史書—損益表

損益表是一份期間性的報表，每一年度結算一次。可以告訴你在某一特定期間，你的錢用到哪裡去了？因爲提供的是過去的資訊，所以謂之「歷史書」。損益表可以告訴你經營的結果是盈餘或虧損？本業及非本業經營的結果如何？營業毛利的比率是否健康？營業費用是否在妥善的管理中？有哪些項目是因經營可以創造績效的？藉由更細的資訊，甚至可以精確地掌握哪些是利基產品！不景氣時，如何可以運用利基產品的銷售策略來擴大市場占有率等等，損益表是掌握經營績效不可或缺的報表。

（二）財務的探照燈—資產負債表

資產負債表是特定時日我們停下來檢視「當下」我們投入的「錢」在哪裡的報表，

反應的是現況，因而名之「探照燈」。由資產負債表上我們可以清楚地看出我們的資產、負債及自有資金的現況，我們的變現能力、償債能力及經營能力。除此之外，若結合損益表，我們甚至可以快速地計算出自有資金投資報酬率，亦即投入一百元可以賺多少？或是投入的總資金多少年可以完全回收？我們也可藉綜合報表「杜邦圖」將此兩報表結合看出本業經營的投資報酬狀況。許多經營的結果都是藉由以上兩份報表告知的，所以是四大重要報表之一。

（三）財務的水晶球—資金流動預測表

既謂水晶球，顧名思義便了解這份報表是用來告訴我們未來錢要怎麼用或用到哪裡去才能發揮經營效益。假設我們是善於「財務槓杆」操作的領導人，則這份報表更重要。它可以告訴我們資金每一期間的狀況，是否足以應付我們的營運需求？若資金多出來了，要怎樣用長、中、短期投資來創造額外的財源？若錢不夠了，什麼時候要調度？如何調度才最划算？這些只要是經營者沒有人不須面對，問題是如何有效面對才有最好的結果，這是一個領導人必備的能力。

（四）經營效益指標

有了「解讀」前三項財報的能力之後，便需經由經營效益指標來全面了解自己的經營狀況。所謂經營狀況是透過：

1.財務結構的健全與否。

2.償債能力的狀況。

3.經營能力的優點。

4.獲利能力的強弱。

5.資金管理與運用實力來告知整體的經營實績。

只要十六小時，便可全面掌握財務管理

投資是講求效益的，只要十六小時便可建立成爲頂尖領導人的重要能力之一，若是有眼光的領導人是無論如何都必定投資的，「花最少的錢建立最重要的能力」便是「財務管理」的精髓，有機會一定要掌握。

魅力領導三部曲──地球公民

長期培養，非短期可成就

所有領導人都知道「國際觀」是重要的，但僅少數企業家或領導人如台積電張忠謀先生、宏碁施振榮先生等才有長期人力養成計畫培養領導人的國際觀，甚至有許多時候，一些領導人認爲所謂「國際觀」，就是只要具備跑幾個國家的經驗，會講英文或外國語言，便算是具備國際的視野，如果用這樣的角度來詮釋國際觀，就太輕視國際觀的內涵了。事實上，國際觀是需要一段長時間的投資與歷練才有可

能養成的。

國際觀是趨勢掌握及應對的能力

在前面筆者提及領導人四大角色之一的「拓荒家」時，曾強調「拓荒家」的能力來自：

（一）編織遠景的能力。

（二）經營組織存在目的與價值的能力。

（三）實踐並建立企業理念與文化的能力。

（四）發展契合遠景的策略規劃與管理的能力。

上述四項能力無一不與領導人的國際觀有關。比如說，發展「遠景」時，如果我們對自己從事行業的國際發展情勢不了解，所規劃的遠景格局便可能不大、或經不起趨勢發展的挑戰。如果遠景夠大，也橫跨國際市場，但對目標設定的國際市場的政經情勢與文化不了解，也可能造成規劃無法實踐的結果，也無法應對當地情勢的變化而發揮資源效益極大化的功效。以筆者經營的顧問行業來講，建立自己的「研究發展能力」，絕對是不可或缺的。但中國台灣的市場規模太小，研發的基礎不夠厚實，便需要與國際資源聯盟，得到必要的專業，具市場性的知識與技術的移轉，而以來自美國的資源爲最優，原因有以下幾點：

（一）國際化經驗豐富，人力資源的研發基礎深厚

美國是一創意國，在人力資源領域領先中國台灣十至二十年，落差端視本地公司的人力資源水準、格局而定。因此，由美國引入的資源，不僅研發規模的基礎夠大、夠寬且具跨國經驗，研發出來的產品具備市場性的同時也有一定的生命周期。雖然，最新的營銷觀念已打破生命周期的框限，但產品引入到市場開發有投資期，必須有投資回收期限的風險管理，才不致徒勞無功。

（二）取得路徑集中，資源搜尋成本較低

美國深具大國風範，樂於將研發成果與全球人士分享，且通常是通過「年會」方式集體分享，所以顧問公司只要定期參與幾個重要年會，便能精準了解並掌握市場的趨勢，同時選擇適合引進做策略聯盟的產品與合作伙伴。

（三）語言轉換容易，本土化時效提升

中國台灣一直與美國有密切的經濟合作、交流關係，且許多人才有留美的經驗，台

灣亦不欠缺語文翻譯人才，產品或訓練課程要本土化時效快速。

以上只是舉例說明國際資源的整合與運用是來自國際觀的結果，當然資源的來路是「無疆界」的，不是只有美國這樣的通路，如何選擇適當的資源來強化經營的核心能力才是思維的焦點。簡言之，「國際觀」事關一個領導人的格局，所以是培養領導力的要件之一。

培養國際觀的方法

前面筆者提及國際觀需要時間的養成，以筆者的經驗是需要長期規劃但可運用有效方法來達成。在培養的能力和方法上有以下幾點建議提供參考：

（一）語言能力

能精通一種或數種語言當然是最理想不過。但若無法精通，至少做到可以進行基本的溝通。以我們公司的狀況而言，是以引進「英文」語系的課程或產品為主，因此提升人員的英文能力便成為公司培養「國際觀」所衍生的人力資源培養計畫中重要的一環，但受限於經費，所以是以「工作語言」亦即「商用英文」為養成的重點。

（二）閱讀能力

在選擇閱讀的書籍時不妨廣度考量，可以選擇一些國外來的資訊閱讀，以強化自己對國際情勢或趨勢等等的了解與掌握。

（三）網路能力

不一定是主導的能力，但可以透過無疆界的網路操作、資源取得與交流的過程來擴展自己的國際視野。

（四）參與國際年會

是最快速取得國際資源及身歷其境領受文化差異、交流思維的方式。

（五）參與國際社團活動

比如，美僑商會的組織有助於了解國際商社運作模式及可提供的資源與價值。在我參與美僑商會的經驗中，曾累積了一個重要發展公關策略的學習，可藉此與讀者分享。商會常組織經貿代表團來進行政策談判，在談判前，代表團一定會規劃一個重要的會議，與美商投資的各種行業龍頭討論投資與經營所面臨的問題、瓶頸及對策。然後，再將收集的資訊用來作爲進行「政策游說」的籌碼或策略。這經驗如果能適時轉換，提供中國人跨國投資時借鑒的模式，對中國人跨國經營的風險管理可以發揮相當的助益。像這種檯面上的「政策游說」的公關策略，可行性高且風險低，是非常重要的國際運作經驗的一種。

（六）精緻文化之旅

定點深度旅遊是了解旅遊國家文化、國家情勢與民情非常有效的方法。但這樣的了解，主要的目的是強化領導人在做國際投資決策時的考量，也許是投資可行性評估，也可能是人力資源的運用，甚至是風險管理的運用等等。

建立國際觀需要前瞻規劃及落實執行

筆者公司雖然規模很小，但因行業特性的需求，國際觀的養成尤其重要，爲此我們由一九九四年開始，除了在經營上代理美國富蘭克林柯維公司的課程與產品走向國際化，在員工的「國際觀」培養上，也期許同仁能在工作中累積各種不同國家互動交流的經驗，來長期累積經理人應有的國際視野。雖然由當時公司的規模來看，是相當沉重的投資，但眼看著同仁每多一次歷練便多一分成長的過程，就像我自己過去在跨國公司被投資的經驗一樣，是絕對值得的。因爲這樣的投資累進的是「人才優勢」及「企業文化的建立」，這兩個要素是任何成功事業必備的核心資產，不可輕忽。

領導五C

領導vs.管理

過去，我們在組織運作上用的名詞是管理，它的定義是「掌眾人之事」，焦點在「事」上，因此必須運用各種方法與工具來控制事情的發展，做事講求效率，強調在適當的時間做正確的事情，這就是管理。一旦談到「控制」，人的潛意識便自然地會產生排斥、抗拒而致能力有所保留；心態上也自然地傾向選擇「被動」來應對，因此管理者便經常地需要面對著一種情境：一個人在前，後面拖著一輛架有四個「方輪」的拖車，拖車後面還需要兩位氣喘如牛的「同仁」在後面費力地用力推，而拖車有這麼多人伺候，卻仍搖擺不定，拖車上的圓輪胎則隨時有可能滾落下來，如散沙般散落一地。試著用您的想像力想像這幅圖畫，您可以具象地看並體驗到「管理者」的辛苦及不討好。

「領導」的定義是「導引眾人方向，聯盟人際關係，得到效能產生」，焦點在「方向」、「人」及「效能」上，因此必須通過人際關係影響力的擴張，發現並評價每個人的不同價值，將人不同的價值連結起來，由彼此相互尊重中，聯盟個別的「不同」長處來發揮綜合績效，並得到預期的結果。由上面的描述您可以感受到「領導」強調的是投入與產出的平衡，以及將「人」不同的價值予以聯盟。一旦談及「影響」，人的潛能便會因沒有預設立場而開放及發展，再加上有方向的引導，每個人能在共同願景下，運用自己「與眾不同」的「價值」相互影響而產生加值效益，心態上因「不同價值」的被尊重與認同，而願採取「主動」積極的態度來與別人互動，並盡情發揮自己潛在的能力。您也可以構思這樣的情境來感受「領導」的「魅力」：一個有遠見有宏觀思維領航人，引導一船各司其職但相互依賴的專業人員，依自己企劃的時間、進度，航向大家共同找出的樂園。一路上有努力的汗水，也有一步步突破困境的成長及喜悅，每個人都知道只有將彼此的價值作有效的聯盟，才能在預定的時間內達成大家共同期望的目標，這樣的景象跟前面所描述的「管理」是否有很大的不同！而這就是現在大家都在努力由「管理」走向「領導」的趨勢。

簡單總結，領導是帶大家找水源，管理則是如何有方法、有計畫地分配及管理水源。

領導五C

由前面的說明我們已經了解「管理」與「領導」的區別，如果要培養個人領導力，應該如何做起，您可以應用以下的「五C」來逐步培養自己的領導力。

（一）承諾投入（Commitment）

第一個C字有兩面意義，一是自己的內在，必須要能做到爲自己所選擇的事專注的「投入」，將事情做好，並負起完全的責任；另一面的C則是指個人對外的「被信任感」，是來自於爲所承諾的人及事負責。沒有一個「言而無信」的人可以成爲好的領導人，理由很簡單：如果您對一個人不信任，怎麼可能無保留地與之互動或授權？

（二）溝通（Communication）

這是「影響力」能否發揮的關鍵能力，人際關係的建立來自「良性有效的溝通」。所謂「有效的溝通」是溝通後產生共識，並且有具體的行動力來完成彼此共識下的目標及任務，這樣的溝通沒有後遺症。溝通的瓶頸較多是發生在「預設立場」或者說是一種因個人主觀及經驗來回應的溝通模式，要能讓溝通順暢，「同理心式溝通」是必修的課題及必備的能力。

「同理心的溝通」與其他溝通最大不同處是，一般的溝通是帶著「提供建議或看法的意圖」來溝通，而同理心的溝通則是帶著「了解對方的意圖」來溝通，兩者最大的不同是前者的互動以「說服」爲主，而後者是「傾聽」並進一步「了解」對方。當您可以清楚知道對方的感受、立場及想法時，您才可能清晰地診斷問題所在，經過整理後才能在認同對方的感受及立場上，給予能被接受的看法。這就像醫生一樣，必須先診斷病情後才能正確下處方。因此學習有效的溝通是培養人際關係必備的能力，而人際關係則是「影響力」能否發揮的最重要基礎。

（三）合作（Cooperation）

在領導之前，必須能與人「合作」共同完成事務。「合作」來自於有「豐富多元的心態」。如果您將焦點放在「競爭」上，那麼贏輸之間便產生了許多無法合作的現實與衝突。因此，要「合作」必須有一加一大於三的認識，比起兩個不同人個別努力的總和，合作創造出的結果還要更多更好。如果能有這樣的心態，就是所謂「豐富多元」的心態。當思維在這層次上時，那麼合作的過程便會開發出許多更好的變通選擇方案，運用創思來產出更好的結果，這就是合作的能力。

（四）貢獻（Contribution）

領導力來自於源源不斷的貢獻。領導人必須有服務的熱忱及特質，樂於服務才能眞誠貢獻，能貢獻才能以言作則、以身示範來引導眾人往遠景而共同努力。相信沒有人願意跟隨一個只知享受又不願付出的領導者。

（五）後果或影響（Consequence）

跟第一個Ｃ一樣也有兩個意義。第一個是後果，指的是領導人必須有前瞻宏觀思維，在引領方向預見遠景的同時，也要有能力管理可預見的風險所產生的衝擊與影響，亦即所謂的後果！第二個是影響，影響是通過人際關係的結盟而產生綜效的能力，只有具備影響力的領導人，才能以最少的資源投資產出最大的效益來。

以上是一個好的領導者必須具備的能力。學習是沒有時間，沒有界限的，如果您能將許多的觀念吸收並試著轉化成自己的實踐經驗，那麼您的學習是加值的，而這次分享的觀念在私人家庭生活上也一樣可應用，朋友，讓您的創思靈活起來！

全方位競爭力

前面幾篇有關領導力的文章，由思維、角色、策略、風格、數據管理直到國際觀爲止，都是頂尖領導人必備的思維觀與能力。這幾篇文章綜合起來告訴我們：一個好的領導人究竟如何評價自己的領導能力高低。這是個有趣的問題，畢竟最終每個領導人均須現實地面對自己生產力經營的結果，所以讓我們來分析如何培養一個具有特色及競爭力的組織。

要使自己所領導的企業（或公司或組織）成爲一個有競爭特色且具核心競爭力的組織，可以用圖2-6的「特色vs.競爭力」架構圖來解析：

如果我們用麥可波特教授（Professor Michael Porter）的觀點，這裡的「特色」（Uniqueness）指的是一個公司經營上的「作業優勢及策略優勢」（Operational & Strategic Advantage），而「核心能力」（Core Competence）則指的是「人的競爭優勢」（People Advantage），它包含文化優勢（Culture Advantage）及人財優勢（Human Capital Advantage）。中間的三百六十度利益關係人則是經營顧客關係（Customers Relationship）優勢。

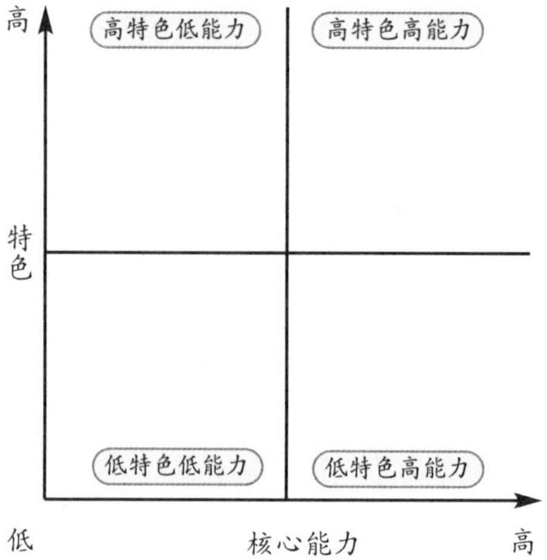

圖2-6　特色vs.競爭力

這個架構圖其實不僅適用於個人、公司及企業經營，它其實也適用於國家的經營。領導人的優劣評價不在於其個人有何國際地位，重要的是企業的競爭優勢是否能持續維持在不墜的優勢上。我們由幾個成功實例來印證競爭優勢的重要。

舉例來說，台塑企業集團過去是以成本管理策略優勢立足國際市場，而台達集團則不斷藉由創新生產流程，創造量產規模而成爲全球第一大電源器供應制造商。這些都是經營特色。台積電雖以半導體代工策略起家，但經營成果創造取得高水準人才的優勢，卻是使其始終

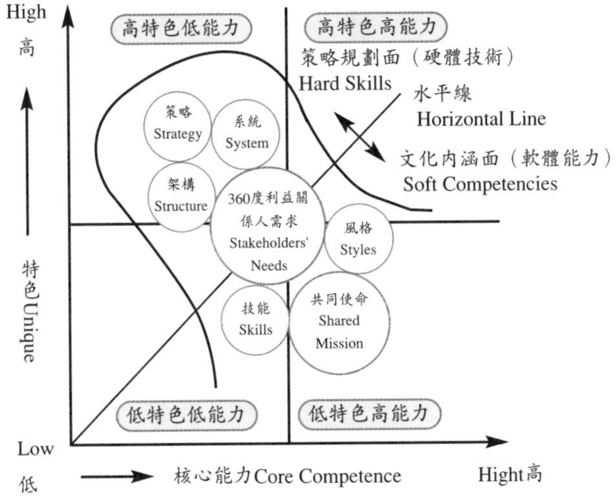

圖2-7　7S高競爭優勢架構圖

立足於產銷龍頭的重要成功關鍵因素之一。台積電張董事長更以其「高特色高核心能力經營優勢」被票選爲最值得信賴的企業經營者。那麼，要如何培養自己成爲「高特色高核心能力」的頂尖領導人呢？7S高競爭優勢（圖2-7）架構圖是將在「領導四角色」中提過的「7S」結合而成的架構圖。

7S是指

（一）策略（Strategy）

策略是成就個人或企業遠景的有效方法，比如創新產品策略，藉由購併加速市場占有率的經營，或取得創新產品的技術以擴大競爭者進入障礙，或像戴爾公司以量身定做的策略發展成經營特色等都是成功策略。例如，像我們這樣精緻經營的人才培育顧問公司，要跟行之有年具規模的顧問公司來競爭，除了國際第一領導力品牌課程的代理及本土化特色優勢外，優質且具高水準實務經驗的顧問講師群便是我們必備的核心競爭力之一，這兩者必須並備才能立足。

（二）架構（Structure）

架構是發展遠景的組織結構或規模。比如許多公司有事業群、各種不同功能的部門，而各種功能的事業群如何能各自獨立卻又能發揮資源綜效，便與系統（System）是否效能化有關。

（三）系統（System）

系統是組織運作的制度與流程。以我們的經驗，必須建立全員都站在第一線提供三百六十度全方位服務，才能展現一流的作業系統及服務效能。流行的ERP、SAP、CRM等等便是系統的一部分。

（四）三百六十度利益關係人需求（Stakeholders' Needs）

三百六十度利益關係人需求是指我們在圖2-7上看見的，無論是硬體特色或軟體能力優勢均需符合「企業經營相關的利益關係人」需求。利益關係人有股東、客戶、員工、供應商、銀行、社會大眾，甚至競爭者都得留意，任何一個關係人的需求出現狀況，便可能引發生死之爭。

（五）技能（Skills）

亦即有效經營所需具備的各種核心能力。比如經營者的策略規劃與管理能力、前瞻思維能力、資源效能極大化的能力、創新產品技術……等等。

（六）風格（Style）

視組織經營需要而選擇開創風格、守成風格、業務導向風格或服務風格。以我們公司爲例，目前則以開創爲主、服務爲輔的風格在經驗市場的檢驗。

（七）共享使命（Shared Mission）

共包含三個重要元素：第一，經營原則或價值觀；第二，存在目的或價值；第三，期許或遠景，三者統整後便可發展成組織的使命宣言。

使命宣言就好像是一個公司落實經營的憲法，必須經過多數人共同認同後才能產生共識，也才能讓策略與行動的落差減至最低。以我們公司來說，每年我們都會檢視一次我們的經營原則與使命宣言是否符合利益關係人的需求，若有不足處，便著手修正來階段性地提升或精緻化我們的使命宣言，同時藉此過程一再地強化我們的經營共識與效能。

「策略」、「架構」及「系統」經營的便是公司或企業的特色優勢，而「技能」、「風格」及「共享使命」則是經營公司或組織的核心能力，兩者相輔相成，才能經營「顧客關係」並發展成「高特色高核心能力」的競爭優勢，這是任何頂尖領導人期望的經營結果。

附記：感謝我們的特約顧問金傳蓬分享了第一張架構圖（圖2-6），給了我一個機會藉由組合式創意發展了第二張圖（圖2-7），這正是一加一大於三的最好明證，而讀者正是最大的贏家，好一個多贏的結果！

第三章　魅力四射

擅用你的全腦優勢創造成功

達文西全腦開發七原則

聞名古今中外的「天才達文西」建議我們用以下七個原則發展一個人的潛能：

（一）好奇

對於生活要充滿無窮的好奇，終身學習，努力不懈。

（二）實證

務求從經驗中求證眞僞，願意錯中學。

（三）感受

持續精鍊感官能力，特別是視覺能力，以追求生動的經驗。

（四）包容

願意擁抱曖昧、弔詭及不確定性。

（五）全腦思考

在科學與藝術、邏輯與想像之間平衡發展，以全腦進行思考。

（六）儀態

培養優雅的風範、靈巧的雙手、健美的體格及大方的舉止。

（七）關連

能夠了解及欣賞萬事和所有現象是相互關聯的，並進而系統思考。

我新近讀的幾本書如《跑出思路的框框》、《創意Format-Business Beyond The Box》、《行銷鬼才》等等都提倡「全腦思考」，可見「全腦思考」受到重視的程度已經不再是組織應變、生存必備的能力，更是組織「不斷學習」、保持「競爭優勢」必修的課題。

赫曼教授研發的全腦優勢才能發展工具

赫曼教授（Ned Herrmann）是物理與音樂奇才，二十世紀、七〇年代末期，在奇異電氣（GE）設於紐約州的克洛頓維爾管理學院發展出全腦技術（Whole Brain

Technology），這個技術是結合哈佛大學諾貝爾獎得主史培利博士（Dr. Sperry）發現左右腦，以及麥克連博士發現大腦邊緣系統的演進而研發成功的，全球許多著名的企業均運用此全腦技術（Whole Brain Technology）來保持企業創新競爭優勢。哈佛商業評論中，也有許多專家學者發表研究報告支持赫曼教授全腦技術對企業經營的助益。

若讀者有興趣可以訂購赫曼教授中文版《全腦優勢》一書來深入了解全腦優勢對人影響的深度和廣度及其在企業應用的實例。

生理學工具創造有趣的發現，擴展人的自信與潛能

我是在兩年前取得大中華區全腦技術代理權，並開始將此工具應用在我們發展了十年的領導管理系統中，將它作爲診斷工具，同時也將此工具定位成開發企業領導管理人才「策略思考」能力之用。

這個Herrmann Brain Dominance Instrument簡稱HBDI全腦優勢工具，與市面上流行的「心理學診斷工具」最大不同之處在於：它是由腦科學發展出來的「生理學」工具。心理學工具的診斷結果可以因人的成熟度而加以隱藏或掩飾，但生理學卻可以從「各種生活

線索」中展露或觀察，是無從掩飾或隱藏的，也因此特別容易學習及應用。

舉例來說，我們公司的詹姆士從踏上上海土地的第一天開始，口中便不斷稱讚上海的新鮮、好奇、有趣、多元，每天都有驚艷的感覺。我們從他的「用詞用字」就可以知道他是具有「右上腦優勢」的人，「右上腦優勢」長於實驗、嘗鮮，喜歡變化，善於解決空中花房中所碰到的各種問題；「班叔叔」是「左上腦優勢」的人，具備左上腦優勢的人擅長用邏輯、事證或數據作分析，技術能力強且可以找到各種方法解決問題；我們的合作伙伴瑪麗則常以「人的價值」爲出發點與顧客及合作伙伴互動，發出的信息也總離不開「勵志」的內涵，工作之外的談話總離不開「人」的議題，所以瑪麗是具有「右下腦優勢」的人，對人敏感有強烈的社會責任意識，注重人的價值創造，喜歡助人，這些都是具「右下腦優勢」的人的生理線索，只要用心便可以輕易地觀察到；我在上海工作時，有一天匆忙跳上一部計程車，請司機從萬體館開到淮海中路，司機馬上報告根據他多年開車的經驗，這時候的路況大致可以分成三條路線來考慮，並依次說明每條路況的車流狀況，如果時間急迫要走哪條路，如果不急走哪條還可以欣賞路上風光，最後根據他的經驗怎麼走最省錢，由以上的描述，我馬上可以判斷師傅是具有「左下腦優勢」的人，這種優勢的人擅長管理細節、支配選擇，講究步驟流程，同時知道如何省錢。

從上面的分析，您一定可以發現透過短短幾句話的交談，您就能了解一個人的思維偏好，這是多麼神奇的事！而且最令人興奮的是，這樣的能力是只要經過問卷評量→解析個人報告→學習，由「生活線索」中判斷的學習過程便可以學到，不需要特殊背景實在很有意思。

如果你能用科學的方法較輕易地了解自己及別人，當然對個人的自信會大大提高；更重要的是，這樣的了解可以增進你與人的互動關係，強化你的人際經營能力，並進而開發你與人互動的潛在能力。

全腦優勢技術的應用領域除了人際關係的拓展外，幾乎可以應用在所有的領導與管理課題上，所以才會受到類似IBM、GE、Logitech、可口可樂等等大公司的重視，成為加速培養領導管理能力必修的課題。

有機會自我投資一下，可以省去許多人際互動經驗的摸索學習時間與痛苦喔！

與關鍵有約

通過關鍵掌握，獲得內心平和

很多時候，我們將自己陷在忙碌、緊張、煩躁的情境中而不自覺。等到有一天，突然問自己究竟「爲何而戰」、「爲何而辛苦」時，竟發現找不到答案而感受到內在的空虛及不安全感，甚至於由內心深處升起一股恐慌。其實發現得早，還有挽救的機會；就怕忙碌一生，當爬樓梯到屋頂的盡頭，回頭一探，才頓悟自己連樓梯都放錯了方向，豈不終生遺憾？

但究竟要如何才能找到內心平和，快樂地成就自己呢！

品質、聯盟、效能

有人問究竟時間管理有沒有必要？管太多了不會成爲時間的奴隸嗎？哪一套時間管

理最好？嚴格說，就是爲了避免成爲時間的奴隸，才有時間管理的發展，各種時間管理，無所謂好壞，只有符不符合時代趨勢。

過去談管理將焦點放在「事情（Things）」上，講求用工具、方法來控制產出的結果。上世紀九〇年代，企業間強調「領導」，將焦點由對「事」的關注上移到「人（People）」的身上，亦即「如何做（Doing）」上，重點在於透過人際聯盟所發揮的「影響力」來產生「綜效（Synergy）」。

既然組織運作已由管理走向領導，搭配的思維及協助的工具也必須順應時代趨勢而升級，這也是最新的時間管理應勢而生的原因，而強調的重點在於將「品質」、「聯盟」及「效能」做系統化的整合。

時間是分秒累積的過程，掌握焦點是「品質」

如果您認爲時間管理是協助你將時間用在做正確的事情上，那麼您錯了。充其量只能說您有進步，開始了時間管理正確的第一步。

但是美國富蘭克林公司「與關鍵有約」的時間管理，不僅引導您有效能地做正確的

	緊急	不緊急
重要	第一象限 ・緊急事件 ・迫切性問題 ・限期完成的會議及工作 25～30%	第二象限 ・準備工作 ・預防措施 ・價值觀的澄清 ・計畫 ・人際關係建立 15%
不重要	第三象限 ・造成干擾的事、電話 ・信件、報告 ・會議 ・許多迫在眉睫的急事 ・符合別人期望的事 50～60%	第四象限 ・忙碌瑣碎的事 ・廣告函件 ・電話 ・浪費時間 ・逃避性活動 2～3%

圖3-1　一般狀況圖

事，更重要的是「得到有價值、高品質」的產出，才是最新時間管理的精義所在。

舉例來說，我們將時間分布在四個層次不同的象限中，如上方的一般狀況圖（圖3-1）。

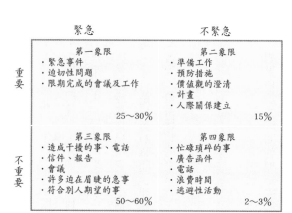

如果您將每天花在哪些事情上的時間逐一列下來，並依重要及緊急與否的深淺或高低程度分類，結果可能相當類似圖3-1顯示的比重的情況，且時間分布的比率也差不多，這種情況並非只有您是這樣，實際上是大多數主管層普遍的現象。

但究竟像圖3-1中的時間分配有何問題？簡單地說，就是思維仍停留在「事情」上而非「人」上，所以所做的時間管理解決或提升了工作效率，但卻未必產出「效能」，達到時間運用品質化的要求，亦即平衡上。這話怎麼

	緊急	不緊急
重要	第一象限 ・緊急事件 ・迫切性問題 ・限期完成的會議及工作 20～25%	第二象限 ・準備工作 ・預防措施 ・價值觀的澄清 ・計畫 ・人際關係建立 65～80%
不重要	第三象限 ・造成干擾的事、電話 ・信件、報告 ・會議 ・許多迫在眉睫的急事 ・符合別人期望的事 15%	第四象限 ・忙碌瑣碎的事 ・廣告函件 ・電話 ・浪費時間 ・逃避性活動 少於1%

圖3-2　理想時間規劃圖

說？讓我們來深入探討一下。

我們常在會議過程中感受重要人物缺席的挫折，檢核自己時間表卻可能會發現自己也已將「會議」放在第二象限中，但仍面臨別人缺席，無法有效運用自己寶貴時間的事實，而這也是「與關鍵有約」要您思考的地方。當人際聯盟產生綜效的時候，連時間管理的思維亦產生了變革，亦即如果會議只在您自己的第二象限中出現，它是不夠的，您還需要多規劃一點時間，運用人際關係能力，讓重要的決策者也將這段重要時刻規劃在他的第二象限中，那麼你倆才能同步地將所投注的時間用成有「效能」的時間，共同解決重要的事件或問題。這樣思維模式的建立，就可以協助您逐漸在時間管理上走向「理想時間規劃圖」，如（圖3-2）所

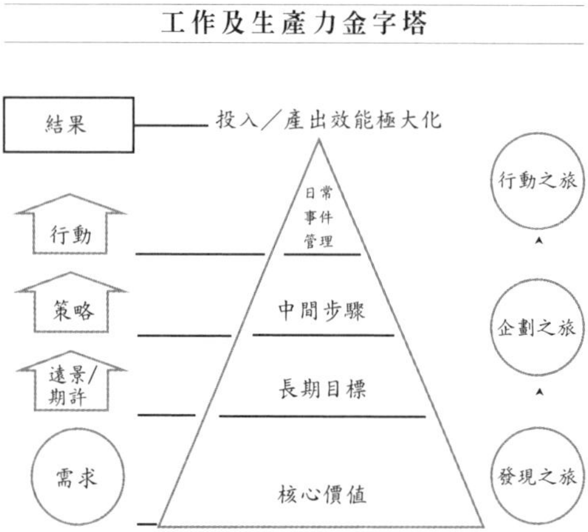

圖3-3　生產力金字塔

示。

生產力金字塔

由美國富蘭克林柯維公司總裁海藍·史密斯原創的「生產力金字塔」（圖3-3），讓我們來分析透過這金字塔技術的運作，學習及累積經由「事件管理」找到內心眞正滿足與平和的方法。

釐清核心價值，找到成就動機

我們由金字塔的底部看見每個人都有所謂的「內在需求」需要被滿足，「需求的滿足」則因個人的價值觀不同而不同。價值觀是驅動一個人成就動機的核心關鍵因素，所以每個人必須了解驅動自己成就動機的價值觀有哪些。認知、了解自己的價值觀後，再來建構自己的人生藍圖或者撰寫人生腳本。這樣的方式是由「滿足自己需求」開始的，所以根基最穩且是最具承諾的動力。舉例來說，要成就自己，有人覺得「終生學習與成長」是最重要的；但也可能有人認爲「身份地位」是象徵個人成就的最佳表徵；也有些人認爲圓融的人際關係可以呈現一個人的成就；或許也有人覺得爲社會做些有意義的事情，例如「公益」更重於一切。由上面的描述，我們可以看出價值觀是主觀的、因人而異的，但卻沒對錯、好壞之分，重要的是哪些價值觀是最能驅動自己成就動機的，要找出來同時充分地掌握，它們是滿足個人需求的最重要因素。

角色釐清，是高品質時間的關鍵

「與關鍵有約」時間管理的另一特色，是依自己扮演的各種不同角色來規劃分配自己的時間，達到時間運用品質及效能的目的。此話怎麼講？一般在做時間管理時是由目標規劃起的，而「與關鍵有約」時間管理則建議您由使命或信念開始。您先釐清一生最終追求的是什麼？換句話說，「您自己存在的目的是什麼？」您的價值觀是什麼？當您很清楚自己一生追求的使命及信念後，您可以進一步分析自己在這樣的使命及信念下必須扮演哪些不同的角色，而這些角色扮演可以協助您平衡人生四大基本需求：

（一）精神上的需求：家庭生活、藝術涵養、文藝內涵等。

（二）物質上的需求：生活品質、房屋、投資等。

（三）社會及情感上的需求：社區服務、公益活動等。

（四）心智上的需求：學習、成長及成熟。

策劃遠景與目標，掌握人生的羅盤

在釐清自己的「核心價值」後，第二個步驟要想想自己對自己的期許是什麼？亦即自己想成爲什麼樣的人？然後再系統化地規劃目標來努力。舉例來說，筆者多年前在新加坡參與「高效能人士的七種成功習慣」課程中，才釐清自己排行第一的核心價值是從事有意義的事，當下才頓悟，一直以來自我期許成爲一個「良師」背後的原因，原來還是驅動我成立顧問公司以從事「人才潛能開發」爲職業動力。一旦釐清了自己的核心價值，想清楚對自己的期許後，從事「人才潛能開發或培育」工作便有了使命感，將事業當生命來經營，創造了內心最大的滿足。到這一刻，我才了解爲何使命感能令一個人有毅力及耐心去面對所有的困難與挑戰，因爲它可以帶來內心最多的快樂與滿足。

運用長期目標，創造人生格局

生命的價值是靠每個人自己創造的。十八歲的兒子說：「我不要庸庸碌碌過一生，一定要想辦法去經營一些特別的事情，人生本來就是有機會的！同時，也必須準備好面對風險。」這段話讓我再一次驗證「生命的價值是創造而來的」，雖然我不清楚兒子要怎麼實現自己的期許，但我可以感受他的格局。

當有了遠景或期許後，不妨問一下自己估計這期許何時可以達成？假設是二十年後，那麼十年必須先達到什麼程度，二十五年才能看見自己創造的格局。如果十年可以做到某種程度，那麼離現在之後的五年應該做什麼準備並發展格局到哪種程度，才能進步，才能如期完成第二十年的格局。

長期目標期限的長短是十年、五年甚或三年，視個人能力而定，沒有對錯、好壞的差別。當然眼光的格局越長，格局越寬廣。但若一時無法發展十年的格局，則不妨先由三年開始，再慢慢地擴展拉長到十年，這也不失爲一種培養格局的方法。

目標的設定必須符合SMRAT原理：

- Specific 特定的目的
- Measurable 可以評量的
- Achievable 是辦得到的
- Relevant 有相關連性的
- Time Bound 具時效性的

舉例來說：我是江蘇省業務主管，負責市場開發工作。我的具體目標可以設定如下：

一九九九年—通過有效領導，帶領部屬共同達成全省排名第三的業務實績。

內在體質	強處"S" 強烈成就企圖心 年輕、活力、衝動大 專業能力足 學習慾望強烈 目標導向 成功案例多	弱處"W" 欠缺市場開發經驗 男性同仁多，太目標導向，內部人人和欠佳 耐性不足，對薪資報償需求過高 人員流動幅度大 應變能力不足
外在質境	機會"O" 逐日增強的市場專業需求度 中小企業發展趨勢 公司產品多元易區隔 產品可全方位滿足客户需求 婦女從業人口的增強	威脅"T" 高薪資人力市場吸引力 市場進入障礙低、競爭者眾 普遍不認同的行業

圖3-4　強弱威機SWOT分析圖

二〇〇〇年—達成全省第二名業務實績，並培養部屬實際帶業務部隊的能力。

二〇〇一年—達成全省第一名目標，爭取進升爲華南區業務主管的機會，並完成部屬接班培養工作。

以上目標的擬定便與「SMART」金律契合。有了具體目標之後，要開發有效的策略來如期達成目標，這「中間步驟」也就是所謂的方法。

運用策略，化不可能爲可能

一般人在計畫時常忽略了連貫目標與日常事件間所需要的方法，也因此，常需面對計畫行不通的後果。在規劃長期目標之後，我們必須診斷我們自己的現況，較簡單的診斷方法叫強弱威機分析（Strength、Weakness、Opportunity、Threat簡稱SWOT分析）（圖3-4）。強弱處是指內在體質的優弱勢；威機是指外在環境所面臨的威脅與機會點。內在體質指的是自己的能力、知識、態度、特質、形象等等優點，弱勢則正好是強處的相反。外部的威脅與機會則是指與我們互動的工作機會、競爭者的實力、專業能力、市場供需狀況、國家經濟政策及制度對自己擅長的專業領域所帶來的影響與衝擊、環境變遷的因素（比如，企業主管年輕化趨勢的影響是創造機會或產生威脅……）等等，都是我們在規劃自己時不可疏漏要留意的重要因素。

運用強處去充分掌握機會點，同時讓弱處不斷被強化以預防威脅的方法叫「策略」。

比如前面所提的一九九九年到二〇〇一年的目標，結合下面的「強弱威機」分析，以我們公司爲例，說明三年發展策略：

（一）以高業績達成率的成果，爭取具有競爭力的績效獎勵辦法，以降低人員的流動率及強化對外的競爭力。

（二）通過教練角色的扮演，分享市場實戰經驗，強化人員全方位服務客戶的能力。

（三）主動開發公開演講機會，建立組織正面形象，擴大吸引優秀婦女人才加入組織，以共同發展與成長。

策略一：善用人員的開創特質，一方面充分掌握全方位客戶需求服務的機會來創造優勢業績，藉由業績獎勵的實質收穫，預防外部高薪資吸引力的競爭威脅。

策略二：善用成功案例、學習慾望強烈及專業能力足的優勢，一方面充分掌握市場對專業能力的需求趨勢，同時預防市場對行業不認同的威脅。

策略三：針對男性同仁的人際關係、人員流動率弱勢以及婦女從業人口商機所設計的策略。

行動來自日常事件管理與實踐

有了達成長期目標的策略後，第四個步驟便是透過事件管理來實踐及達成設定的目標。比如說，策略（一）的日常事件便是「有效的客戶拜訪」，有效客戶則是指下訂單的客戶。爲提升有效客戶機率，便需花時間分析客戶的性質及類型，掌握客戶的重要資訊，再研判自己的產品與服務如何能協助客戶創造附加值。除此之外，尙需統計出客戶拜訪的成功機率有多大，是百分之十或百分之五?每張訂單平均金額有多大?

假設自己經營的客戶平均每張訂單是一萬元，而每月的業績目標是二十五萬，那麼每個月有效客戶數便是二十五個。若將風險考慮進去，較安全保險的有效客戶數應增加百分之二十，亦即三十個客戶。若拜訪客戶的成功機率是百分之二十，則每個月需拜訪一百五十個客戶才能達成。如果您有五位業務專員協助您完成目標，如果五位的業務能力相當，則每位平均每月要拜訪三十個客戶。若五位業務員有年資上的不同，其中兩位較資深，則資深業務人員的責任範圍可能需重一些，也許是百分之一百二十，則每個月資深業務員拜訪三十六個到四十個，那麼資淺的業務員每月拜訪大約二十五個客戶即可。

工具——「月目標」通過「日程規劃表」來實踐，效力無邊

每月客戶拜訪數確認，需用「富蘭克林日程規劃單」來有效管理每天發生的事件。

比如，每月拜訪二十五個客戶，則可合依客戶路線圖來布局；若一天可以拜訪三十位，則可選擇每星期二、三、四來排出客戶拜訪時間，那麼二十五位只需八個工作天便拜訪完。後面的兩個星期可以用來訂單或提供附加價值的服務，甚或協助客戶解決問題。

當然每天處理的事件不僅僅是客戶拜訪，所以可利用每天結束工作前半小時，評估或回顧一下每天自己的進步在哪裡？預定完成的工作是否做完？目標是否如期達成？同時將第二天要處理的事件逐條列在「富蘭克林日程規劃單」的左邊欄位上，再依A、B、C排列優先次序：

（一）A類是重要、當天一定要處理的事件，是完成目標的重要事情，比如客戶拜訪，事關業績的達成與否，除非不得已絕不改期。

（二）B類是次要的，當A類做完仍有空檔再做B類事件，比如文件的整理、打沒有時效性的問候電話……等等。

（三）C類是不重要的，若時間不容許，可延後再完成的事，比如逛街購物……等等。

如果分類後發現有三個A，四個B，三個C，則可進一步依優先次序在A項下，再區分A1、A2、A3；B項下再區分B1、B2、B3，依次類推。每天使用很有限的時間將第二天要做的事件排好，第二天一早便可用「平和但卻積極的態度」去面對嶄新的一天，「日日是好日」的感覺不是很棒嗎？

順應自然法則，用事件管理創造生產力

「富蘭克林日程規劃手冊」這套簡單而系統化的生產力提升工具，對您最大的助益有以下幾點，千萬別輕忽：

（一）認識自然法則的存在，順勢而爲，找到內在的平和、自在與舒服。

（二）釐清價値觀，了解及掌握自己的需求。

（三）透過期許／願景的創思，開創自己的格局，擬定具體可行的目標。

（四）策略性地用方法來達成目標，使人力、物力、財力資源可以因方法的得當而發揮借力使力的功效，達到資源效益（亦即生產力）極大化的目的。

（五）用每日事件管理強化自己主動積極的動力，如期達成自訂的目標，滿足自己「德、智、體、群」的內在需求。

10
星期日
x x x年 10月
九月初二

日	一	二	三	四	五	六
31					1	2
3	4	5	6	7	8	9
10	11	12	13	14	15	16
17	18	19	20	21	22	23
24	25	26	27	28	29	30

v 任務完成
→延期完成
X任務取消
Gv 交付他人
●進行中

↓ABC 每日任務

每日開支表

8
9
10
11
12
1
2
3
4
5
6
7
8

· 協定與承諾
· 日記
· 意見與感想
· 談話內容

10
星期日
x x x年 10月
九月初二

每日事件記錄簿

第40週

「富蘭克林日程規劃單」

整合個人與組織使命、信念角色目標最佳的工具

當我們理解領導的趨勢是「人際聯盟」，便可領略「與關鍵有約」時間管理由「角色」出發的重要性。當每週均由角色規劃開始，人際聯盟便不再是口號，而是思維運作的徹底不同，協助您每日身體力行地應對時代的變革。

除了這優勢外，「與關鍵有約」時間管理在組織上更可達到將個人的使命、信念、角色、目標與組織徹底結合，建立員工與組織的凝聚力，並進而由雙贏觀念的引導強化忠誠度及向心力，這是組織引進「與關鍵有約」時間管理的加值效益。

上台簡報並不難

說的比唱的好聽

隨著外在環境的快速變遷，「競爭力的威脅」不僅是經營者所面臨的挑戰，個人的發展空間也時時受競爭力的左右，因此如何強化個人的說服力或魅力，便成了個人「職業發展規劃」當務之急，其中尤以「專業演示技巧」能力的提升最受重視。

一場成功簡報的關鍵在於有說服力的內容架構，否則即便是表達技巧一流，內容卻乏善可陳，依然無法收到正面的預期

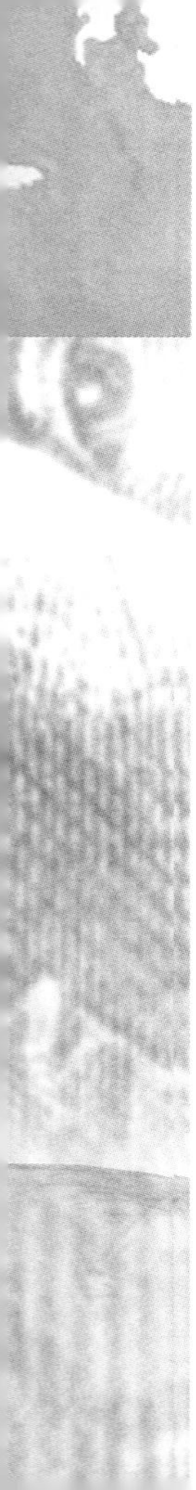

效果。策略規劃是一種思考方式，若能將之應用於演示設計中，效果顯著。

成功簡報關鍵三要素

專業簡報成功的要素有三：

（一）事前充分準備—可由「5W1H」方向來思考，做準備的工作。

（二）以聽者語言表達—如何以聽眾的語言及需求來產生共鳴，是表達技巧中要掌握的最重要因素。

（三）內容規劃—這是成功簡報的關鍵。基本上簡報內容架構可由六個P來構思。

1. 前言（Preface）

如何一開口便引起聽眾興趣？如何在準備簡報的動作中，牽引聽眾的焦點，感受到您的專業及有備而來？如何在短短的幾句話中清楚地向聽眾交待自己簡報的流程或大綱，甚至時間的分配？要採取單向溝通或鼓勵交流方式進行簡報以便讓聽眾了解您？換言之，即如何以邏輯、系統的且扼要的方式呈現簡報的開場白，是這階段準備的要點。

2. 立場（Position）

您是用什麼樣的立場來做專業簡報？是企劃案、建議？或是促銷您的看法、推廣產品？在清楚交待簡報的性質或主題的同時也讓聽眾了解他們應扮演何種角色。

3. 問題（Problem）

闡明立場後，接著須引領聽眾就預見的問題做深度及廣度了解，要爭取聽眾的支持，這是最重要的階段。通常無法快速作出決策的原因，是因為對問題的嚴重性及影響層面的認知不夠。但通過問題的說明，不僅對促進決策有潛移默化之功，且可藉此發揮透明管理的理念，由正視問題的癥結產生共識，可以避免溝通最重要的瓶頸—預設立場。

另一重點是要掌握在表達過程中，完全釐清個人因素，就事論事，才不會在簡報過程中引發情緒問題，這是陳述問題時務必留意之處。

4. 可能的選擇（Possibilities）

簡報是促銷簡報者的看法、產品及服務等專業，而由「專業經理人」的角度來看，一個專業經理人不只是挖掘、發現問題，重要的是要能用前瞻的眼光解決問題，因此要藉由這個單元提出可行的解決方案或可能的選擇，最理想是精選三個可行性較高者，提

供給聽眾或決策者參酌，提升「決策或選擇」的時效控制。

5. 建議（Proposal）

經過問題的認知及可行性分析後，聽眾對您簡報的主題內容有了深層及廣度的認識，接下來便是促銷簡報者的看法，也就是依您的專業提供建議，促使聽眾形成決議。

提供建議的同時，別忘了要將這項建議可以預見的結果，作綜合性的說明介紹，讓聽眾了解決策本身的立場或定位在哪兒，以增加決策或給予支持的信心及安全感。

6. 附筆（Postscript）

在做完簡報的最後階段，別忘了提示您需要聽眾貢獻或參與什麼，是在一週內作出決定呢？還是您有更進一步的資料內容或展示會，歡迎聽眾索取或參加？或者有什麼問題聽眾會藉此機會發問？有多少時間、是口頭或書面？聽眾用了這麼多時間來聽您的簡報，是否應該藉此表達謝意呢？還有什麼後續的服務可以提供？這些均可在最後的階段設計在簡報的內容架構中。

加上說服技巧，如虎添翼

簡報內容架構策略的設計需要「說服的技巧」來襯托，才能達到簡報的預期目標。

成功簡報的說明技巧有三：

（一）以圖表數據來說服

比如用有趣、一見難忘的圖表來強化印象及說服力，用數字或量化的表格來刺激決策的動機。例如，要推銷公司的知名度時，不要說IBM是全球有名的電腦公司，而要說IBM是全球「第一名」的電腦公司，或IBM是「全球排名第一」、最受仰慕的公司，也就是用數據來強化聽眾接受訊息的效果。

（二）以成功的故事來說服

用具體有效益的代表性事件來說明，可以增加聽眾的信任度，例如，假設我們今天要做一個公共關係的促銷簡報，便可選擇過去經驗中曾經膾炙人口的成功作品，來加深聽眾對專業的質感感受及成功經驗的接受度。

又比如，公司過去經歷中的點點滴滴成功故事，只要提得出實據，均可用來提升聽眾對簡報內容的信賴感。

（三）以人來說服

人可分成兩方面，一方面是簡報者本身，如果你平日給人的印象是專業經理人，那麼聽眾或客戶自然接受度高，這也是爲什麼「個人形象」非常重要的原因。而形象的累積是需要長期耕耘、持久一致的沒有捷徑可走。

以人來說服的另一方法，是用第三者來增加說服的客觀性。當然，要強調的是越知名越有說服力，但有時要由聽眾的背景來出發，如果今天的聽眾草根性較重，則本土的知名人士可能效用較大。可是如果今天在座皆是企業代表人，具國際化觀念及背景，則世界性的知名人士便是較佳選擇。

一場成功簡報的關鍵在於有說服力的內容架構，否則即使是表達技巧一流，當聽眾靜下來思考時卻發現雖是趣味十足，但內容乏善可陳，如何期望演示後能產生預期的正面效果！

因此，一場成功簡報的關鍵，必須將眼光鎖定在簡報內容的策略規劃上，如此才能產生最大的效益。

開啓員工的心窗

主管專業技能二加一

每位主管都負有傳授、輔導、績效評估之責，這之間的工作重點有何不同呢！

「員工心理輔導」在企業內部訓練中已漸成重要課題，因爲許多企業主及人事主管漸漸認識到「員工心理輔導」是降低企業人員流動的必備工具之一，有些企業會將這工作交予企業外的企管顧問公司執行。

事實上，顧問公司能做的只是引進技巧及方法，更積極「治本」之道則是：企

業內各階層主管必須具備輔導的技能，才能在日常工作中有效地化解員工心理問題，達到提升管理品質的成效。

傳授

傳授、諮商及績效評估，是主管做好「員工心理輔導」必備的三個專業技能。

傳授是主管將做好一份工作所需的專業知識、技巧及方法，通過有系統的整合，規劃成有效的訓練模式；再通過制度設計及執行成效評估，毫無保留地傳授給部屬，使他做好份內的工作。

傳授最重要的精神有二：

（一）因材施教

主管必須認知部屬的特質，才能運用不同方法培育部屬，協助他養成專注工作的良好習慣。

例如，對一個剛畢業的新人來說，有些基礎工作是需要由「依樣畫葫蘆」及「嚴格要求」的方式學起，才能養成確保品質的工作習慣。

反之，對一位反應靈敏的資深部屬，傳授的方法則不妨選擇「點到爲止」的模式，爲對方保留「彈性」學習的空間。

（二）激發創新

這是傳授的精髓！在泛談企業如何改善經營品質的今天，主管必須了解「創新」是企業賴以生存，甚至永續經營的最重要資產之一。如何在協助部屬學習專業知識及技能的過程中，達到以創新方法突破工作瓶頸、提升生產力的目標，便成爲主管須用心經營的傳授技巧。

諮商

部屬習得專業知識及方法後，如何能排除人爲、環境的困難，將主管傳授的技能應用於工作中呢？此時便進入員工心理輔導最重要的領域—諮商。

諮商是主管協助部屬建立個人解決問題的能力。主管有好的諮商能力，可以在部屬個人問題變成嚴重危機前先予以化解，預防人員的流失，並建立部屬的忠誠度及對企業的向心力。

諮商的重要步驟有四點

（一）安排面談時間

主管必須能察顏觀色，察覺部屬的情緒變化，製造合適的面談機會；在談話的過程中應注意隱密性及從容性，不要草率爲之，這樣才能建立部屬的安全感，進而願意與主管一起面對他所遇到的難題。

（二）鼓勵部屬開懷暢談

開始引導部屬進入探討問題情境中時，應先從「同理了解」他們的想法切入，才不致阻斷談話的機會點；同時要以開放式的問題，引導部屬開放胸襟來與主管共同探究問題的深度，以找到眞正的癥結。

（三）幫助部屬想通問題

在友善、客觀的氣氛下，協助部屬釐清事情，必要時可以提供事實參考並建議一些選擇，使部屬看清問題的主要癥結。

（四）讓部屬自己找到解決的方案

諮商的精髓，不是主管「爲」部屬解決問題，而是協助部屬「自己」解決問題，這樣才能逐步提升部屬解決問題的能力。當部屬找到解決方案時，主管別忘了協助其提出一個行動方案，並有計畫地追蹤執行結果，這樣才能達到諮商的最終成效。

績效評估

當部屬因主管的傳授而建立高品質工作能力後，心理輔導的最後一個階段，便是運用績效評估的方法及技巧，來認同部屬克服瓶頸所做的突破性努力。所以績效評估具有正面及長遠的意義，它是激勵部屬不斷奮發向上的最佳方法。

績效評估有三個基本目標：

（一）激勵士氣

當部屬在主管的積極輔導下，學得工作上的專業技能和解決問題方法後，在執行行動方案中，主管必須持續地追蹤執行結果及成效，並以正面及讚美的語氣，在部屬表現良好時，適時給予肯定，以激勵其士氣。

（二）開發潛能

當部屬有意願突破瓶頸時，可能由於未曾有過經驗而不知用何種有效的方法來做；

通過主管的指導及經驗交流，可以激發解決問題的潛能。

（三）改善工作表現

當潛能被激發後，部屬便能在主管的引領下訂出行動計畫，以改善目前的工作品質並進而提升工作能力。

由上所述，主管可以明顯發現：其實傳授、諮商、及績效評估是管理能力中的連續性過程，必須一氣呵成，前後連貫銜接，才能真正做好員工心理諮商、輔導的工作。

主管修得好功夫享受工作成就感

「心理輔導」最終目標是，協助部屬克服心理障礙或困擾，使他們不因此影響工作品質，或做不明智的去留選擇。

既然部屬的問題與日常工作有關，通過別人來做則如同「隔靴搔癢，搔不到癢處」。若主管願意將之修成自身的技能，至少有以下三大好處：

（一）提升主管解決問題的能力

解決問題的能力是部屬評估主管是否勝任工作的最重要指標。

(二) 建立主管專業形象

既然部屬認同主管能力，自然對主管的專業有所尊重；一個在部屬心目中有份量的主管，自然會贏得企業的重視，未來發展機會順暢，自不贅言。

(三) 達成企業交付的使命及責任，享受工作成就感

因此，主管們別忘了，傳授、諮商及績效評估是您的責任，也是您必修的專業知識及技能之一。

愛的TOUCH

動機之神

正向思考帶動激勵效應，反向思考則打擊成就動機，兩者的結果呈現兩極化，主管不可不愼。

如果您曾扮演「講師角色」，或者您是扮演「主管角色」，您一定同意如果一個人能誘發學員互動、參與學習的動機，或是能適時開發部屬工作成就感的動機，甚或向上管理，讓主管感受到對「他」扮演「優秀領導者」的期望動機，那麼不論是在課程，或是扮演主管或領導人得力助手的角色方面，都已掌握了七成的成功機率。理由很簡單，因爲動機是「成就的因」，而激勵卻是「因」的觸媒，可以發揮加乘效應。因此「激勵」是「動機之神」，有了「激勵」，您可以事半功倍。

激勵vs.反激勵

相信任何一個人都曾體驗過被激勵的感受。激勵可以來自讚美，比如說，有天早上在電梯裡遇見大樓管理委員會的會計，她一反平常的美麗，連耳環都與衣服顏色搭配得幾乎完美無瑕。當我適時地表達了發自內心的讚美時，我看見了她眼裡「被激勵」後那「來電」的目光，不僅因被留意、被認同而滿足，而且急著想要回饋「被激勵」後的愉悅感受，我也被這回饋而「激勵」得整天都覺得歡樂。

原來「激勵」是會產生「循環」效應的，這也應驗了旅館業有名的管理大師瑪利歐的一句名言：「只有用心領導，基本上是指您正確、公平及誠摯地對待一個人，他們才會回饋所有。也只有這樣，您才能一方面給予公平良好的對待，也能同步需索『傑出』的表現。」公平良好的對待只有在被認同的共識下才能被體驗得到，而認同絕對是來自「激勵」效應。

曾經有兩家公司一起舉辦策略聯盟推廣活動，同樣擁有年輕的成員，其中一家公司的負責人在言行上常表達對部屬成熟度的缺乏信心，覺得擔負沉重的「年輕風險」。因爲這位負責人思想反應在行爲上而產生反激勵的效果，部屬似乎眞的成了「風險」的象徵，因此只願意扮演「工具性」的角色，沒有主動出擊的動機，也欠缺「承擔風險」的意願。

激勵建構於願意承受失敗的雅量上

相反地，另一家公司的負責人覺得年輕是機會點，經驗的不足可以通過團隊運作來補強，團隊成員也因這機會點的開發而主動出擊，成爲產品推廣中的靈魂人物。但最重要的是爲了補強預見的「年輕風險」而作好充分準備，卻因願意共同面對風險反而將風險機率降至最低。

由上面眞實的例子，您可以了解正向思考帶動激勵效應，與反向思考打擊成就動機所呈現的兩極化結果。

再舉一個例子，是筆者進行顧問輔導的眞實感受。有一客戶的負責人，非常用心地經營自己的事業，近十年很有成就。對於部屬，他給予許多接觸不同工作領域的機會。但自己非常地忙碌，連工廠自動門壞了，有時也需要自己挽起袖子來修，可以說幾乎是事必躬親。

負責人覺得這種狀況是因爲創業期選擇了較多具吃苦耐勞特質的人員，素質欠佳，個個必須由小學甚或幼稚園程度教起。近十年了，許多人仍只有小學程度的管理能力，即使不斷地用專案方式來培養，他們似乎也無法達到負責人成熟値期望的百分之三十。因此，公司人越多越辛苦，無法找到喘息的機會。

深入了解後發現，這位負責人有許多優秀的特質，比如念舊，不輕易放棄任何一個員工；給予學習的機會，開發部屬不同專長的意願；不記仇，擁有容許部屬犯錯的雅量。但奇怪的是何以在主管群中，百分之九十以上的主管認爲自己能力不足，都力爭學習的機會，但總是學而不用或不能用？當然應用能力的開發是使主管學而應用的關鍵之一，而眞正的關鍵是負責人的思想雖較前瞻，卻只見「風險」未見「機會點」。當部屬被誘發行爲的動機時，他必須面對過去失敗經驗的現實，因此尚未行動負責人已經預報失敗；即使行動了，但行動是依負責人教導的手法執行完成的，沒有參與開發創新工作機會點的投入與學習。做了但欠缺激勵與認同，同時也無法獲得工作成就感。

請善用激勵之鑰

這樣反向思考、反激勵的連鎖效應是看的多於做的、說的多於聽的；當問題發生時只有情緒反彈、力求自保，因爲沒有信任也沒有授權，所以也不願面對失敗風險。工作手法只有一種出處，遇到瓶頸只有搬源頭救兵。眞正嚴重的是，再優秀的人員進到這樣的環境，只需三至六個月時間便被同化了。負責人依舊忙碌終日，但旁人也無從協助。反激勵的結果是在沒有工作尊嚴的情況下，也沒有創新突破的動機。久而久之，成員竟然喪失了應變能力。

上面的實例，如深入推衍其因，其實癥結在於負責人是否眞的願意承受失敗。如果眞的承受了，那麼失敗的經驗應是掌握機會點的籌碼之一，而不是行動的絆腳石。能由機會點眼光出發，那麼正向思考所及，也就較能分享部屬成就動機，也就能適時給予「肯定」的激勵而換取最大績效的產生。

也許由前面兩個實例，您已經體驗到「反激勵」影響的嚴重性，那麼請勿重蹈覆轍。如果將心比心，您一定也有被「激勵」的愉悅經驗，不妨發揮適時回饋激勵予他人的效應，讓您的管理工作因善用激勵之論而成就自己，也造就他人。

良性溝通來自「愛的接觸」

溝通是建立共識的重要過程，是需要有方法的。且要以愛爲出發點，才能事半功倍。

有效溝通是：「經由良性互動參與的談話過程，達成共識，並能於溝通後具體擬出行動計畫且付諸執行的，才是良性有效的溝通。」因此，通過「愛的接觸」（Loving Touch）的步驟，將使溝通更有效。

「Touch」的溝通內涵

（一）T—是Trust，信賴

溝通的基礎建立在溝通雙方（或多方）是否相互信賴或有安全感。信賴來自對專業的尊重、平日印象，信賴也仰仗平日行爲所給予對方的感受，是侵略式的對待？是退縮式的應付？是積極正面的回應或行動？信賴也是由「小我」、「大我」或「無我」解決問題時的心態衍生而來的印象，因此溝通有主觀的影響因素，它將是奠定溝通能否由「良性」出發的重要基礎。

（二）O—是Openness，開放胸襟

如果今日的溝通成爲明日「秋後算帳」的依據，那麼溝通將注定是失敗的命運。溝通之所以成爲建立共識最重要的橋梁，乃因爲它是在沒有隔閡、沒有私心、沒有隱藏的事實、也不互揭瘡疤的情況下，做理性交流。互相站在對方的立場思考，通過不斷創造「變通選擇」的過程，達到彼此認同的結果。

必要時，可以關起門來，各自爲堅持的看法大吵一番，發洩一下情緒均無妨。重要的是能敞開胸襟，接納對方所想的，就如同對方接納自己一樣，任何事經過腦力激盪，一定會有「不同的選擇」出現，或「不同的路」可走；但能否被接納，關鍵在於「胸襟」是否開放。

就如古諺所云：「不打不相識」，因爲開放胸襟才能打破中國人普遍存在預設立場，拋棄這種溝通包袱，才能有「眞正溝通」的開始。

（三）U—是Understanding，了解

溝通主要的目的是雙方互相表明立場後，因對彼此想法的了解開始找尋共識。在溝通過程中要能有效引導對方開懷暢談。有一些具體可以應用的技巧，可協助達到「徹底了解對方」的目的：

1.肢體語言：要讓傾聽有聲音。運用關愛的眼神、點頭或微笑等小動作來回應對方，可以增加對方對自己溝通的信心而暢所欲言。

除了仔細傾聽以徹底了解對方想法外，爲避免聽到的與認知上可能產生的差距，還可以運用「重述」來確認「了解」的準確度。例如，「你剛才說的意思是不是」如果對方認爲你了解有誤差，他一定會馬上說：「哦，我不完全是這個意思，我是說……」這過程不僅可以將不必要的誤解適時化解，同時也增加了了解的精確度。

2.追蹤探詢的技巧：當溝通時，對方的表達有上下跳躍不連貫的情形，或因認知不同而快速交代對方認爲較不重要的情節，甚至對方突然沉默不知如何接續時，便可運用「追蹤探詢的技巧」來進一步了解對方眞正欲表達的內涵。

比如，「對不起，您剛剛講得太快了，我沒完全了解，可不可以再說明一下！」或「你剛提及的情形可不可以用具體的例子來說明，好讓我更了解實際狀況！」您也可以用「你當時的感受如何」、「他發脾氣的時候，你有什麼反應」等等「開放式的問題」來引

導對方多發揮一些，增進對現況的了解程度。以上都是增加了解深度可資運用的技巧。

（四）C—是Confidential，機密性

如果今天開放胸襟的溝通，成爲明天茶餘飯後的笑話，那麼將只享有一次的溝通機會，因爲雙方已經破壞了彼此的信賴感。所以，對溝通內容的包容及隱私權的尊重，不僅是建立彼此信賴的不二法門，更是「創造」往後溝通機會的基礎。

（五）H—是Honest，誠實

沒有人對溝通對方的不誠實可以視而不見，頂多只可能爲保留對方的面子而不拆穿，但相對應的也是表面「虛應故事」的點頭，而無法取得行動的承諾，這種「無效的溝通」無異浪費彼此時間。

人一定有不能、不知或不做的時候，沒有必要隱瞞，重要的是如何通過溝通了解對方強處，補強自己的不能。誠實地告知對方自己堅持的理念及原則及不做的原因爲何，這樣反而有機會開發變通的做法，增加共識達成的可能性或機會。

由「愛的接觸」開始溝通，您將無往不利。最後還要提醒的溝通要件是：運用正面

語言及思考（Positive Language & Thinking），將可避免因負面語言而產生的抵制或防禦，和因負面思考而錯失機會點等等。溝通並不簡單，需要用心，由「愛的接觸」開始，將使您事半功倍。

打造雙贏的局面

當我們了解「互賴期」是成熟人生最重要階段後，究竟應該怎麼做，才能產生聯盟的綜效！有三個重要的觀念及方法是必須學習的：

雙贏思維

父母與子女間的互動是雙贏嗎？舉例來說，我們常聽見母子間的對話：「你如果好好用功，考了一百分，我會獎勵你！」結果，短期間，母親的可能爲了兒子的不斷創造佳績而送出禮物，且越送越貴，而兒子也成了獎勵下的犧牲品，努力地啃書以爭取日貴一日的獎品，但時日一長，發現自己困在小小考試天地中，卻失去了許多人生其他成長的樂趣，這是贏—贏？贏—輸？亦或輸—輸的局面？

我們再由部屬與主管的互動來看雙贏互動關係。

假設主管有急事在星期六中午臨下班前要部屬去完成，並要求部屬在星期一一上班便交卷，假使你是部屬，你認爲這是贏—贏或贏—輸？或輸—輸的結果？在圖3-5中，究

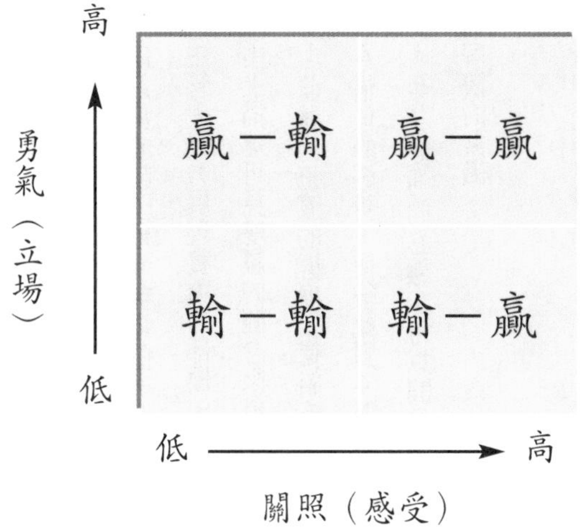

圖3-5　輸贏因果圖

竟怎樣可以變成是贏—贏的結果？

（一）主管用命令的口氣，讓部屬氣呼呼地接下完全沒有意願做完的工作，星期一部屬因內心抗拒而未完成，結果是輸—輸，亦即喪氣的主管＋抗拒的部屬。

（二）主管因自覺時間太緊促不好意思命令部屬在假日加班完成，只好自己做，但仍將忙碌「告知」部屬，這結果是輸—贏，高興地接受被主管關照的部屬＋抱回一堆部屬工作而忙碌的主管。

（三）主管在威權習慣認定這是部屬應做的事，因此施壓讓聽話的部屬在星期一如期地完成工作，這是贏—輸的結果，高興的主管＋滿肚怨氣的部屬。

（四） 主管用激勵的語言讓部屬了解這緊急事件的重要度，但由於部屬平日優秀的表現，這件事主管有信心部屬可以鼎力相助完成，但爲獎勵部屬的努力負責，同意於工作淡季時，讓部屬於假日期間投注工作的時間用換休方式來做適當的彌補，同時若部屬覺得有必要，自己亦可參與在工作中。這樣的結果可預見雙贏的結果—充分關照部屬感受的主管＋努力展現實力的部屬。

由上描述可見雙贏的觀念來自於以下幾個要件：

1. 眞誠、正直的態度，使對方得到公平合理的對待。
2. 信任的經營，使彼此對「對方」的要求或協調可建築在「互信」的基礎上。
3. 多元變通的心態—可以開發出許多變通選擇的創意，使問題容易解決或達到願意共同解決的共識。

同理心式的溝通

同理心式的溝通可以創造有問題共同承擔及解決的共識，使雙方的立場能同時被兼顧。

統合綜效

統合綜效指認識每個人的優點及價值，而將不同價值聯合起來發揮一加一大於三的綜效。比如說，一個非常講求在時效內達成具體目標的主管，與一位擅長運用方法、步驟及程序的部屬聯合起來一起做事，那麼相信最後的結果一定較主管自己由頭張羅到最後完成要好的多，光是兩人聯手的創意就不是一個人可以辦到的，這樣的方式叫做「統合綜效」。

如果您在職場工作時能理解「互賴」的重要，那麼相信您的工作互動生涯將因有了其他人的參與互動而增加了更多的樂趣與學習。

開發無限的潛能

思維轉換（Paradigm Shift）是潛能開發之母

思維是指每個人看事情的一種觀念、角度或模式。同樣一件事情，可因人的不同而看法不同，主要是因專業、背景、經驗等等不同所致。

因此，我們必須認知到每個人有長處，同時也可能有不足之處，若能經常令自己的思維轉換去接受及學習新的知識、方法及技能，那麼就可以沒有極限地開發自我潛能，所以開發潛能是需要由正確的思維認知開始。思維轉換可從幾個方面著手：

（一）樂於分享

心理學上有一知名的理論，稱之爲周哈里窗（圖3-6），是指每個人都有下列的一扇四面窗：

第一扇窗—公眾我。

是我自己知道別人也知道自己的部分，代表公眾的我。

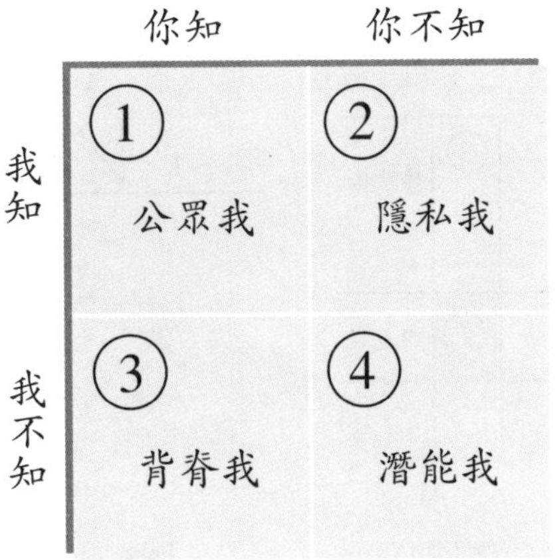

圖3-6　周哈里窗

第二扇窗—隱私我。

是我自己知道別人不知道的我，稱之爲隱私我。

第三扇窗—背脊我。

是我自己不知道，別人卻很清楚知道的部分，稱之爲背脊我。

第四扇窗—潛能我。

是自己和他人均尚未發掘的部分，稱爲潛能的我。

假設我們用圖3-7的冰山來詮釋周哈里窗理論，凸出在水平線上的部分代表第一、二及第三扇窗，亦即指透明及半透明的我，共三部分，據說此三部分僅占一個人已被發掘的潛能的百分之三至百分之七，而在水平線下的未開發潛能大於百分

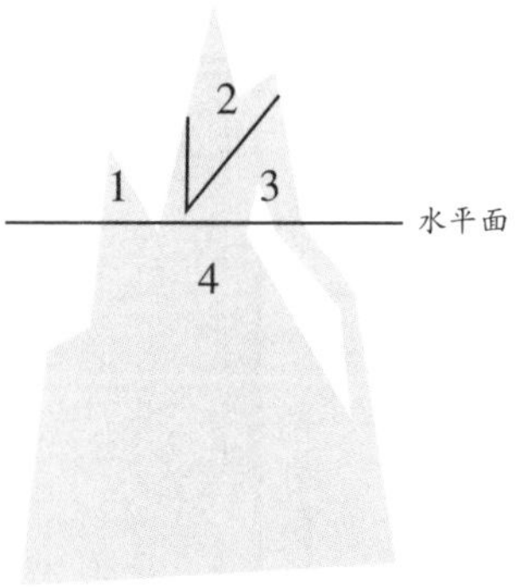

圖3-7　冰山圖

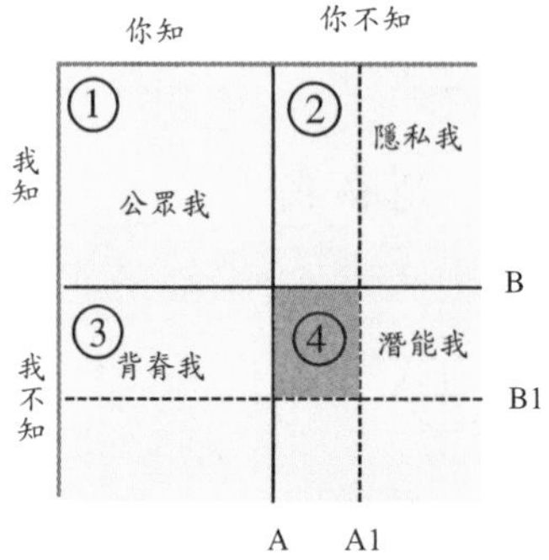

圖3-8　潛能開發圖

之九十三至百分之九十七。

最簡單的潛能開發理論是「樂於分享」，當一個人樂於分享時，圖3-8的直線A會往右移，如虛線A1所示；而當一個人樂於主動和別人分享自己時，對方自然會樂於提供回饋，那麼橫軸B線也會往下移，如虛線B1所示，如此一來便開出網點所涵蓋的潛能我的部分。

由周哈里窗理論，我們了解自己的潛能要不斷地被開發，必須將我們的思維建立在樂於分享的思維模式上，而這是潛能開發的第一步。

（二）破除自我框視及社會鏡射

個人潛能開發的第二步驟是打破自我框視及社會鏡射。

1. 自我框視：猶如坐井觀天，受制於自己有限的知識、經驗及看法。

2. 社會鏡射：帶著自己觀點的眼鏡去框視別人。

那麼要如何才能打破上述兩種思維的制約而不斷歸零，保持好奇心，積極學習，給自己更好的機會來開發潛能呢？

（一） 自覺

同樣一件事，由不同角度看，結果不同，危險與機會其實只有一線之隔， 因此要隨時保持內在的覺醒與清醒（亦即所謂的自覺），用樂觀積極的態度去面對人生，保持自己思維自由移轉的靈活度，不爲假象所蒙蔽，以保持隨時的自覺與清醒。

（二） 主動積極

同樣一件事將因角度的不同，而有一體兩面的效應，就如同俗話說的：「悲觀者，任何機會都有困難，樂觀者，任何困難都有機會」。但重要的是如果你能看到的是積極面，那麼你便有可能去尋求突破或掌握機會的方法， 這樣的態度便是「主動積極」，而主動積極的態度是突破潛能不斷開發的基石。

（三） 想像力

每個人都應充分開發與生俱來的潛能—「想像力」，來爲自己創造更多變通選擇的機會。另外，值得提示的是，創意不僅只是指原則，創意還包含了組合及改良式的創意，比如，蔡志忠先生將漫畫與文字組合用來說明深奧觀念，便是一種組合式創意，而我們幾乎家家戶戶都用過的電磁爐便是自電爐改良而來的改良式創意。

當您認知到原來運用方法來組合及改良也是一種創意的實現時，相信您可以突破「沒有原創」的框框，給予自己更大的想像力空間，而更加善用別人點子來激發自己的想像力。

相信自己是全能的天才

二千五百年前，孔子的士大夫觀念與希臘柏拉圖的階級觀念，其實也或多或少地成了思維上的制約，約束了許多潛能的開發。事實上，就腦神經科學的研究結果，每個人腦的結構與機能都相同，而腦功能的使用不及百分之十，亦即每個人都擁有無限的潛能，同時都有公平開發自我潛能的權利。重要的是「競爭」若能建立在雙贏的思維下，每個人所擁有的潛能便能即時被開發且發揮「互補加乘」的「統合綜效」；否則許多潛能便在士大夫觀念及柏拉圖思想的制約下而未能即時開發，甚爲可惜。

因此，自我潛能開發的另一思維便是「相信自己是全能的天才」，掌握任何一個可以協助自己開發潛能的機會。

多元智能同步開發

由豪爾．加登納教授（Howard Gardenr）整理出的下列八種智能（圖3-9）中，我們也許很容易地發現我們有許多本能的智能，在中庸之道下不自覺地被掩埋而未充分發掘。

I.Q.智能

1.邏輯數理智能
2.語言智能

E.Q.智能

3.人際智能
4.個人內省智能

其他智能

5.肢體運動智能
6.空間智能
7.音樂智能
8.自然智能

圖3-9　八種智能

這八種智能可以通過統合學習教學法的引導，而重新由成人學習中重建。若您要均衡發展自己的潛能，對這八種智能的學習與了解是必修的不二法門之一，您千萬別忽視掉哦！

自我開發實例分析

在這裡，我想通過自己的學習心得來與讀者做一深層的分析。記得前幾年，經由本公司王葆琴顧問的協助，分辨了自己是以右腦在運作記憶！（這點與許多人不同，大部分人是左腦在運作），在神經感元中亦區別自己是聽覺型的，再通過統合學習系統的了解，認知自己是分析學習風格，且在肢體運動智商、空間智商及音樂智商上發展的潛能較爲有限，爲此我開始了自我潛能開發的練習。在此僅選擇多種學習改變策略的其中之一，透過建立心智圖法的閱讀習慣，來開發自己水平型學習模式，並強化自己的空間智能及視覺能力，以平衡左腦（亦即想像力，圖像等智能的開發，但要提醒大部分人這部分的智能是右腦運作）運作的實例，與您分享。

我平均每月至少要閱讀六本書，因此將統合學習系統課程中學習到的「心智圖法」

應用在整合讀書內容上，獲益良多。茲將我閱讀《西藏生死書》中一章節的內容原封製作在這文稿中（圖3-10），便於說明。

以上的閱讀做筆記方法對智能的開發有以下有趣及深層的助益：

（一）空間智能的開發

在整理筆記時我用了圖形來記錄，不僅有助於記憶且使閱讀變得多元而有樂趣。

（二）色彩敏銳度的開發

通過多種色彩的使用，不僅使自己在日常生活中添加了彩色的運用與布局能力，且隨時體驗生命的鮮活感，是很棒的收穫。

（三）想像力的開發

做筆記時，必須在很短的時間決定用何方式呈現筆記的內容，用哪些圖形來協助記憶，所以除了自己的創意被不斷地開發外，看見自己一次次地進步，內心裡增加了許多自我肯定與成就感。

（四）視覺化學習能力的開發

閱讀時是採取垂直式亦即分析式來吸收資訊，但整理時採取水平式，將重點橫鋪在一頁紙上，不僅在視覺上達到水平吸收的效果，且容易快速複習。

（五） 學習效能的提升

統合學習系統對學習效能的提升效果顯著，比如，在課程中用一小時便可學習到以上分析的「心智圖法」，它竟可以使學習速率幾乎提升了三到五倍之多，並同步強化了吸收與閱讀的效能。

由以上簡單的分析，您可以了解人的潛能是可以無限開發的，只要您能學習精準的方法並應用有效的開發策略，您就可以在各種學習模式中得到深層的滿足，使學習變得更多彩且更有樂趣。

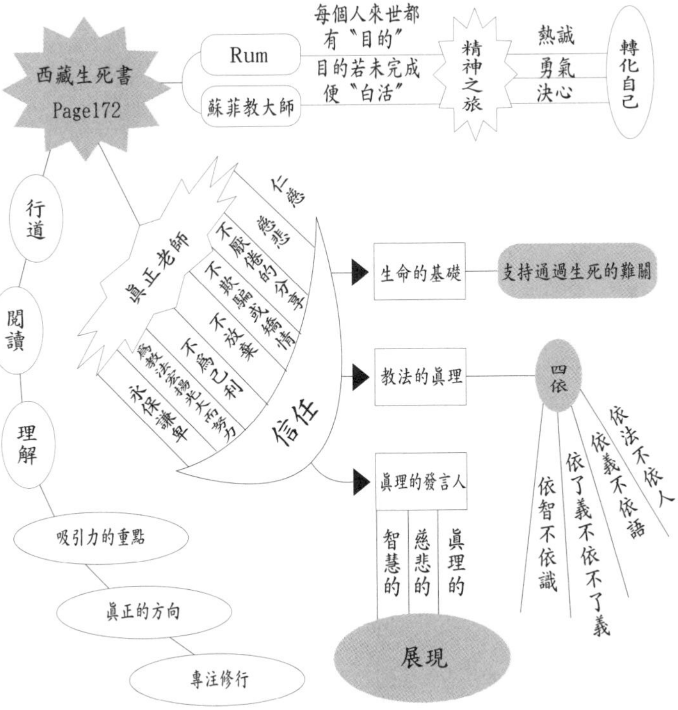
西藏生死書
Page172
Rum
蘇菲教大師
每個人來世都
有〝目的〞
目的若未完成
便〝白活〞
精神之旅
熱誠
勇氣
決心
轉化自己
行道
閱讀
理解
吸引力的重點
眞正的方向
專注修行
眞正老師
仁慈
慈悲
不厭倦的分享
不欺騙或矯情
不放棄
不爲己利
爲教法宏揚光大而努力
永保謙卑
信任
生命的基礎
支持通過生死的難關
教法的眞理
四依
依法不依人
依義不依語
依了義不依不了義
依智不依識
眞理的發言人
智慧的
慈悲的
眞理的
展現

圖3-10　精神之路圖

部屬怎麼看你

您若詢問部屬，什麼樣的主管是「好主管或優秀主管」，綜合的評鑑方向大概不會超出以下六個範疇。

管理上扮演的角色

部屬會從您平日的一舉一動中判斷：

（一）您是否了解您自己應扮演的管理角色，抑或無法釐清什麼是管理或非管理工作的界限？

（二）您視自己爲團隊的領導者，還是只是一個「上司」？您能區分其間的差異嗎？

（三）您能接納並負起管理責任，抑或逃避責任？

（四）您可曾爲培養部屬付出心力，或是您只在意自己的成長或發展？

領導統御能力

部屬眼中的優秀主管，應能：

（一）讚賞及回饋部屬。

（二）追蹤及督導工作正確有效地執行。

（三）協助部屬設定可以達到且具激勵性的目標。

（四）能增強團隊效應。

（五）能建設性地利用衝突。

管理責任及工作專業

在這個評鑑重點上，部屬的重點在於：

（一）您是否始終能接納新事物，並帶領部屬共同吸收成長？

（二）您是否能享受並充分了解自己的責任及工作內涵，同時爲部屬創造工作上的尊嚴？

（三）您能否聰明地處理任務，用更有效的方法或技巧，而不是總是抱怨工作的負荷太重？

溝通能力

（一）您是個可以親近的主管抑或高高在上的主管？

（二）您主動面對問題抑或採取逃避方式？

（三）您會使用各種不同的方法突破溝通的瓶頸，抑或一成不變地堅持己見？

應變能力

這項是所有部屬期望最深的，因爲部屬已漸感受到今日的成功可能意味著明日的失敗，便成爲評鑑的關鍵要素。那麼部屬會怎麼評鑑呢？

（一）當遇見問題時，您是尋求創新方案或是維持現狀？

（二）當思維遇見瓶頸時，您能接受新想法呢，還是排斥好的想法？

（三）當環境有所不同時，您是期待快速轉型或控制狀況，還是讓事情慢慢惡化？

（四）您是很容易適應轉變，還是連自己都無法面對更遑論引領部屬面對轉變？

決策能力

這是部屬評鑑上司的最後一個關鍵要素，評鑑的重點有：

（一）您做決策時是否保持彈性？

（二）您是否讓部屬參與決策過程，抑或您傾向權威式？

（三）您能以開放胸襟接納部屬提出影響決策的看法嗎？還是您寧可採取封閉式的黑箱作業？

（四）您能享受做決策的權利及擔負的責任嗎？抑或您寧可逃避？

由上述六點，您可以不定期地用來檢視自己的管理能力，如果開始的弱處漸漸地因爲用心調整及學習而成爲自己的強處，就能成就自己成爲一位有領導力的優秀主管。

建立高效能團隊

您同意嗎？沒有人是完美的，但一個團隊可以達到高效而完美！

完美的形成

在英國劍橋大學進行人類組織行爲學研究工作的貝耳賓博士（Dr. M. Belbin）和他的伙伴們，經過多年的試驗研究證實：在一團隊中，如果組員能依「特質」混合得越恰當，團隊的表現就越好，證實了「沒有人是完美的，但一個團隊可以達到高效而完美」這個觀察。

高效能團隊的定義

從企業的觀點看，怎樣才是完美團隊呢？可以定義爲：

＊外向的

＊有組織的
＊高激勵性的
＊具創意的
＊勤奮的
＊客觀的
＊圓融的
＊仔細的
＊博學多聞的

以上九種特質不可能在一個人身上找全，但如果管理者用心經營，是可以在小組或團隊中組合成功的。

可容忍的缺點

貝耳賓博士在他的研究報告中同時指出，任何前面所說的特質，一定存在一個「相對」可容忍的缺點，簡單地說，便是每一個長處的背面一定有相對的弱點，它是擁有這特質所必須付出的代價。當組合一個團隊時，如果事前有這樣正確的認知，組員才能在沒有戒心，甚至不用企圖掩飾缺點的情況下均衡發揮所長。

針對這些可容忍的缺點，貝耳賓博士建議主管採取「管理」這些缺點的態度來面對，而不要只要求當事人修正個人特質來適應團隊運作的需求。

舉例而言，一個人事協調員，在小團隊運作中，經常扮演潤滑劑的角色來增加團隊和諧，而他的缺點是無法做重大決策。如果管理者對這缺點沒有正確的認知，而迫使人事協調員改變個人特質來符合團隊需求，在勉強的過程中，會使人事協調員因無法下決策而產生內在的壓力，在壓力無法舒緩情形下，又怎能有耐性做協調潤滑的工作呢？這也就是貝耳賓博士強調的：一旦要求組員扮演不自然的角色時，會產生其他不利的漏洞。這就如同勉強要求一個超級業務高手不要在外奔波接觸客戶，而留在辦公室等業績成長一樣，是註定要失敗的！

九種組員角色的優缺點

那麼，究竟九種不同特質各自附帶什麼樣的弱點呢？它又與組員有什麼關連呢？貝博士的研究報告如下表。

理想的組合模式

接著，我們如何將這九種不同個性功能的角色組合起來，並發揮最高團隊成效？實際上只有在「均衡」的小組中，組員才能作有價值的貢

組員角色	特質	可容忍的缺點
1.資源探測員（Resource Investigator）	外向且快速的，創發新想法的	需要經常給予激勵，否則容易覺得無聊
2.執行長（Implementer）	有組織的，有紀律的	缺乏彈性
3.協調官（Coordinator）	善於激勵的人及與人相處	傾向於支配他人
4.設計師（Planner）	有創意、聰明	與他人步調不一致
5.成型員（Shaper）	積極勤奮且苛求	粗魯、沒有禮貌
6.監督評估員（Monitor Evaluator）	細心客觀	動作慢，缺乏靈感
7.人事調度員（Team Worker）	圓滑且樂意支援別人	優柔寡斷
8.成果監督員（Complete Finisher）	仔細且善於監督	易操心且不願授權
9.專家（Specialist）	博學多聞且投入	只能在狹窄專業領域內發揮貢獻

表3-1　九種組員角色分析表

獻。但這並不表示「理想團隊」一定得九個人，人多的小組反而會有不好發揮的趨勢。

由實驗顯示，理想的組合是三到五個人，換句話說，有部分組員必須扮演「雙重角色」。大部分的人都有一個、兩個甚至三個意識較強的組員角色傾向，所以小一點的組合也可能包含所有特質，只是這樣的組合只有在極細心情況下才能組合成功。

此外，除了特質的整合，另一個影響組合成效的重要因素是組員在團隊中的從屬關係。除了要在不同階級制度裡找到最好關係外，還要能兼顧組員角色面的關連。譬如一個毫無彈性的執行長老板，與一個無法步調一致的設計師同事，再加上一個動作緩慢身爲監督評估員的部屬一起工作時，是絕對不可能有傑出的團隊表現的。

但如果組合換成一個善於激勵的「協調官」主管，與一個外向的資源探測員同事，再加圓融的人事調度員爲部屬一起工作，解決問題時，團隊的成效往往是超過預期的。

識別組員角色的科學方法

由上所述，我們了解完美組合需要事前確認每個組員的特質，才能通過不同關係及角色關連面的相互搭配來完成。爲此貝耳賓博士特別開發出不同的自我剖析、觀察者及行爲評鑑來協助識別個別組員角色，這資料可用來組合一有效合作的小組，在團隊中發揮最大的成效。

企業實務運用的方法

這最新的科學管理理論，在實務上可以運用於以下幾個不同的人力資源規劃上：

(一)聘雇新人：一開始即將用人單位的特質列入考慮，可以預防用人不當的風險，並促進組織的和諧。

(二)專案企劃：在遇到特殊專案時，可依特質組合專案小組，以最有效率的方式達成目標。

(三)輪調的考慮：如經評鑑發現現行成員搭配不盡理想時，可以在「同樣認知」的共識下，考慮單位間或部門間輪調的可能性，化解人員流失的危機。

「現代管理」的觀念及技巧，一如最新的科技產品一樣，耐用年限有日漸縮短之勢。比方，兩年前市面上仍少見筆記型電腦，兩年後的今天，筆記型電腦已不夠實用，現在大家期待的掌上型電腦更符合輕巧便利的需求。

管理亦同，當大家都忙於通過「情境領導」學習如何發揮團隊精神時，原來最新的觀念已經引領你進入由人的特質來搶占管理先機了。

「建立高效能團隊」這最新的管理觀念，最主要目的是協助主管通過自我評鑑來了解本身及部屬，甚至同僚的特質，在增加對「可容忍缺點」的認知下，彼此能互相接納而將重點放在如何使強處發揮，進而減少組織內不必要的磨擦並提升團隊運作的效率。

換句話說，即通過認知，彼此接納，開發強處，建立共識，再運用共通語言，達成團隊目標管理的最終目的。這樣重要的觀念及組合技巧，是每一位管理者必修的課程，你可別疏漏了！

專業團隊決策

團隊運作是管理上的重要法寶，但團隊要能走向專業決策思考，才能發揮戰鬥力，否則只是一群烏合之眾罷了。

我們將接著了解團隊如何朝向專業決策思考，筆者整合各課堂經驗，首先提出團隊運作的十個重要步驟：

（一）確立團隊運作目標。

（二）慎選「高效能團隊」人選。

（三）做好專案的強勢、弱勢、機會點及威脅分析。

（四）依（二）及（三）項團隊成員特質明確劃分工作職掌。

（五）搜集重要資訊提供決策參考。

（六）運用團隊思考邏輯，訂出決策選擇、細部工作計畫及完成期限。

（七）定期追蹤、評估執行效果。

（八）必要時，修正執行計畫以達預期目標。

（九）目標完成後，客觀評估目標達成效果及其附加價值。

（十）詳實紀錄並分析執行過程及經驗，以達技術生根的目的。

但在遵循這十個步驟之前，必須先確立以下四個前提，這是團隊運作的成敗關鍵：

（一）明確的目標。

（二）完美的團隊組合。

（三）正確的決策能力。

（四）徹底的執行力。

其中，正確的決策能力更是團隊運作成敗最重要元素，因此我們將探討如何運用正確的團隊決策思考，以順利達成管理目標。

專業團隊思考的四個重要步驟如下：

（一）發展多元化的問題

好的問題具有一針見血的功效，不僅引導思考，有時也讓團隊成員有頓悟的感覺，可以幫助團隊成員因參與而產生正確的問題。比如，假設我們要找某一品牌重新來促銷，我們應該再由以下幾個問題來選擇品牌定位點：

1. 針對什麼市場？年輕人、傳統中年人或是雅痞？
2. 要用多少成本？還是要降低成本？
3. 是選擇全新產品？或將現有產品適度修改？

如此則可源源不斷地發展新的思考方向，以提供決策者完整的資訊做更正確的判斷。所以，發展出廣角度且多元化的問題，是專業團隊決策思考的首要步驟。

（二）給決策者一些選擇

在專業決策之前，搜集資訊可以增加多重選擇的可能性，以避免決策者陷入「象牙寶塔」中。因此，非但不要拒絕團員的意見，反而要刻意地激發他勇於表達意見的潛能。

好的不同意見，是決策的基本元素。在腦力激盪的過程中，主持人應了解：人與人之間的競爭具毀滅性，會消弭發表意見的原動力；但透過人與人間的合作，所產生的競爭則會產生創造力。

在企業裡，好的會議技巧是鼓勵團員有均等的說話機會，通過完整的表達，想出豐富的問題，然後創造出各種可能的選擇，是專業團隊思考的第二步。

（三）評估風險及掌握機會點

意指用預測的方式審視未來，亦即試著就之前所想出的各種可能選擇，假想一些可能做好或做錯的事，讓團員逐一檢核各種可能存在的危險或機會，其中最重要的是：萬一出現危機，有沒有補救措施可降低選擇風險？決策過程中，可以問自己一些「如果……怎樣……」的問題，以培養自己深層思考的能力。

比如，我們預期某產品年市場成長率是百分之二十，但如果少於百分之二十，怎麼辦呢？如果大於百分之二十，我們的產能足以應付嗎？又如，我們的包材來自德國，如果這特殊規格的包材缺貨的話，怎麼應付？利用這樣的思考，可以協助團隊在決策前檢視各種可能出現的危險性及機會點，以協助決策時不致發生眼盲或心盲。

（四）權衡風險及獲利能力

經過第三步驟的檢核後，接著是彙整團員的思考，理性評估各種選擇，下正確的決策。評估重點如下：

1. 風險的比率：假設有四個選擇，分別由團員就前面審視的結果，一一評定其危險機率的大小，以做正確評估。

2. 成功的概率：即評鑑每個選擇的成功把握度有多高，成功機率越高，越值得考慮，反之則應審慎爲之。

3. 獲利能力：成功不表示一定獲利，究竟每個選擇在決策的效益上能爲組織帶來多少的利益或附加價值，是決策前必須評估清楚的。同樣地，獲利高也未必是最好的選擇，應就企業風險面來評估高利益是否會帶來其他的風險，例如，商譽的打擊。

仔細評估危機率、成功率及獲利能力等三項重要因素後，團隊就可以從容地做正確的決策了。但是還有一項在團隊運作中最容易被忽視的，卻可能成爲團隊決策致命傷的重點，即是檢視團員的成熟度及經驗背景，如果仍不放心，別忘了專業團隊決策思考的最後法寶—徵詢顧問專家的意見。爲免顧問可能抹殺創意性意見，所以較好的方式是最後才徵詢專家看法，特別是在權衡風險評估、獲利能力之後，而在下決策前是最佳「顧問」時機。

以上是專業團隊思考的步驟及方法，希望對您在決策或技術層面上有所助益。

第四章　魅力隨筆

是您搬走了顧問業的乳酪嗎？

切身經歷「海盜王國」遭遇，「尊重智能財產權！建立國家尊嚴」

進入顧問業一轉眼即將進入第十二個年頭，期間的困難及挑戰如人飲水冷暖自知。剛創業時為了代理一個國際品牌的「視聽媒體教育學錄影帶」作為課程設計的教具，經驗了一生難忘的經歷，與讀者分享。

一開始創業帶著滿腔熱血隻身訂了機位，千里迢迢飛到遠在歐洲的倫敦。當時還沒有直飛的航班，經香港轉乘國泰航空飛倫敦，光是飛行需要耗掉十六小時，因欠缺經驗，忘了將時差計算進去，好不容易飛到倫敦正好是當地的黃昏，需要另外的十五到十八小時才能工作，這一來一去用掉三十多個小時還無法從事生產。自古有句名言：創業維艱，成本管理永遠都是心中不可疏失的決策因素，您不一定需要「錙銖必較」，但「如何將每分錢花在刀口上」不僅是「成功創業」的關鍵因素之一，更是培養一個人「擅用資源發揮最大效益」的一種生存能力。幸好過去服務的英商葛蘭素大藥廠總部在倫敦，六年期間來回不下數十次，所以對當地的情況略有一些認識，工作起來並不陌生。

但是爲自己的公司進行生意上的協商卻是生平第一遭！還是帶著戰戰兢兢的態度，一點兒也不敢大意。就這樣滿腔熱情開始了第一趟創業之旅。

那趟英國行的目的是希望一次將合約搞定，但過程並不如想像的順利。當我依址找到「英國視聽媒體公司」一樓大門外，用力按了半天電鈴，好不容易有位操濃重北方口音的男士來接電話，我熱切地將心裡想代理他們的產品的心意一句句用英文表達清楚，對方很紳士地回答他們沒有規劃發展東南亞市場的計畫，還沒等我搭腔就將電話掛上了，留下好像突然遇見停電反應的我，一臉愕然。

就如同我們一個分享會上美樂蒂（Melody）的分享，當你開始做業務工作，臉皮要厚到被客戶丟在地上，在上面不停地踩或踐踏得稀爛，你還能釋懷地由地上撿起來，揉一揉沒事似地帶回臉上。能做到這一點你才可能成爲一個「傑出職業化業務專家」。

想想自己千里迢迢來到英國，怎能無功折返？遇上這麼一個挫折就放棄了，往後怎可能承大業？中國人不是說「能屈能伸才是大丈夫」嗎？所以就壯大膽死按電鈴，誰知道，時間就這麼在「一方有情另一方無意」下溜走了兩個多小時還沒能講到話，路過的行人大約以爲我有神經病一臉奇怪地看著我，情境有些狼狽，更糟糕的是我不知道還有什麼法子可以引起那位北方佬的興趣。正當躊躇莫展的時候，突然看見一個年輕的英國人由樓上下來正準備開門，一時眞說不出心裡的興奮，還以爲自己的努力感動了天！但是，這年輕英國佬口氣濃重大聲粗魯地對我說：「我們不會將產品賣給海盜區域跟自己過不去，你再按門鈴我就叫警察來處理了！」說完轉身就準備離去了。

眼見好不容易到手的鴿子馬上要飛了，情急之下脫口說出：「我完全了解你的擔心，但我不是海盜，我來自英國葛蘭素公司，負責法務工作，我具備尊重智能財產的知識及意識，我們先談一下你再決定要不要跟我合作好嗎？」不知道是英國第一、世界第二大藥廠葛蘭素公司的吸引力或是被我鍥而不舍的勇氣所動搖，這年輕的英國人竟然開門讓我進去，從我個人經營的想法開始聊起，最後他讓我在不下千卷錄影帶中選出十一卷帶子帶回台灣進行本土化的工作，開始了我的創業不歸路。

這次經驗不僅讓我學到「尊重智能財產就是建立國家或企業尊嚴」的教訓，更讓我理解智能財產是許多人「生活智能」的結晶，建立「使用者付費」的機制才能不斷鼓勵「創新產品」的發展，提升人類全面學習成長的品質。難怪中國人有「師傅藏一手」的古言，其實背後也隱喻了「眞功夫師傅的無奈」。

就像英國佬告訴我的，一卷三十分鐘的教學錄影帶要花掉他們三年的時間，由一群資深的顧問進行企業調查，了解企業問題，確認市場需求，策劃教學主題，撰寫有趣的腳本，再請職業舞台劇演員來演，期間還需要不斷地剪輯及修正，才能發展出一套能讓學員感受到「寓教於樂」效用的教學錄影帶，這過程比出一本書養一個家還辛苦得多，怎能不受尊重呢？

所以如果您是那海盜群之一，您可能也就成爲「搬走顧問業乳酪」的一群了，您一定不是，對吧！

「以智不以識，以了義不以不了義」的態度經營，才是良師的根本

我常看見一些年輕人熱情地想將別人的智能財產拿來自己營私用，上完一堂課便將別人的智能財產（包括教學用的講義及教學器具或方法）拿來進行自己的教學並賺取外快。「喜歡分享是美德」，但若用來賺取私人的收入就要用「使用者付費」的觀念才不會淪爲「海盜一族」。

如果你選擇一個「良師」在企業內培養人才，你會如何抉擇？你不在意他的人品嗎？你希望你的員工也是「海盜一族」的一員嗎？你不擔心這樣的做法有損別人對你公

司信譽的看法嗎？你確定未經合法取得講師資格的講師能完整或清楚地傳授原版正確的信息嗎？

教學就像巧媳婦做雞湯的故事一樣，此話怎講？

有位巧媳婦一嫁到夫家便在婆婆的調教下燒得一手好雞湯，婆婆在得意之餘便經常邀約親朋好友到家裡分享巧媳婦的手藝。有一天好食雞爪的客人王先生問了巧媳婦一個有趣的問題：「你家的雞湯怎麼會沒有雞頭跟雞腳的呢？」巧媳婦愣了一下回答說：「你這問題問得好，因為我婆婆教我的時候要我把雞腳跟雞頭剁掉了再燒湯，真正的原因必須問我婆婆才知道！」而婆婆回答的方式又正好和巧媳婦一樣，所以婆婆只好去問他的婆婆，令人訝異的是原來曾婆婆的雞湯技術也是太婆婆傳授的，眾人只好去問太婆婆。太婆婆的回答是：「因為早年生活困苦，家裡只有一個小鍋，雞腳及雞頭放不進去，只好剁了炒菜時再用了。」

你看，這就像教課一樣，如果你只知道依樣畫葫蘆照著腳本演戲，萬一錯了，教了幾代都是錯誤的觀念及做法，一般對這樣的老師也有一種說法叫做「誤人子弟」。因此從事教學，具職業化水平的顧問或講師都知道，教學是需要尊重兩個基本原則的：

（一）以了義不以不了義

意思是你要徹底了解教學內涵的眞義才能放膽地去教人。這就是爲什麼你想教學需要付費去向原著者或他的授權人學習，經過合法的程序取得著作的使用權；而這過程對一位講師而言，最重要的是去了解課程的眞諦及設計背後的原因及出發點是什麼，你在教學上才能精準地掌握教學內涵，爲人創造價值。如果一知半解教就「誤人子弟」了。

（二）以智慧不以知識。

死的知識學了用處不大，但如果你能學後將知識轉化成經自己實踐體驗的生活智能，教起來知識有了生命，學起來生動活潑！

偷雞不著蝕把米，得不償失的是偷走乳酪的您，不是嗎？

爲什麼你爲了省錢選擇了「偷偷教學的海盜一族」成了搬走顧問業乳酪的殺手呢？因爲海盜一族不需要花一點點代價就將別人的智能財產用來營利，通常他的報價低於一般需要費「像養孩子長大的力氣」來發展一個好課程的顧問，時間長了，這些很用心啓發你成長的顧問因爲海盜一族的「惡性競爭」而漸漸失去了他的競爭力，只好忍痛由顧問業中退出，留下一些次級品充斥在市場上，結果最大的輸家成了搬走顧問業乳酪的顧客，眞是偷雞不著蝕把米，得不償失，不是嗎？

一個優秀的顧問或講師需要良心的陽光來激勵

您仔細想想，一個講師如果是「產品販賣者」，對您的價值絕對無法與一個「智能經營者」相比；每一位講師教學量化有一定的限制，一個優秀的講師一個月最多可以開的課，大概十二到十五天便到極限，剩下的時間他需要做課前的準備，研發新的教學內容，學習新的教學方法，找時間作自我的進修，否則他會很快淪爲「口號一族」被市場淘汰出局。

所以乳酪的選購者千萬不要用「賣產品的思維」來評量「教學成效的價値」，這就像你拿「賓士」來比「吉普」搭不上邊一樣，是無法較量的。

請記住，良師需要良心的陽光來對待，畢竟你有可能因爲他的用心而經營出一片燦爛的人生，不是嗎？我們有許多讀者都學過「高效能七習慣」的課程，課中不是教我們「自然法則」：「你要怎麼收穫就要怎麼栽」，這樣才能產生良性循環。讓那些不勞而獲

的人「大發利市」，不就違反了自然法則嗎！

自然法則：短視眼光短視結果；可長可久的顧問業需要您的長遠眼光來經營

最後提醒各位朋友，有價值的學習來自正確的思維、方法及設計能力，一個人若心術不正，他的出發點一開始就錯了，您如何能將「影響您一生的成長與學習」託付給一個這樣的海盜一族呢？挑戰一下您的眼光好嗎？讓我們共同以長遠的眼光對待或經營「百年樹人」的行業，讓像您一樣努力的人得到應有的報償，鼓勵整個台灣朝眞正面向積極的方向發展成一個「具泱泱大國風範」的國家！

員工與老板齒唇相依之道

「員工與老板是一體兩面，沒有對錯好壞，只有角度不同，適用於員工的原則亦同樣適用於老板，若有這樣的認識，員工老板關係的建立已成功了一半。」

希代書版集團盛盟強先生在《老板的戲法》出書前，邀約我談談對老板與員工相處之道的看法，我堅信「能成功扮演優秀員工的人，便能扮演體貼能用才的老板」這樣的理念。也許是機運讓我能在扮演老板角色前，有機會經歷了各種不同風格的老板，讓我深刻學習到一個優秀員工應有「分寸」，也了解要扮演好老板沒有用心不可能有成就。而「自律、忠誠、珍惜及不斷學習追求成長與進步的能力」是優秀員工與老板共同適用的法則。一個能自律的人在任何困境中均能因自律而體驗眞正的自由，創造自己充分揮灑的空間，這種能建構在自律下自創格局的眞正自由，才能贏得互動雙方的尊重、信任及授權。忠實面對自己的能與不能、優點或缺點，亦即忠於原味，塑造自己獨特的風格，才能贏得人際互動中的眞誠回饋，也同時能創造彼此潛能不斷開發再生的空間。而珍惜是

現代人最應掌握與學習的，當能珍惜彼此付出的心意時，關係才能建立在互信的基礎上，同時換來最大的投資或被投資的意願。同樣的，珍惜也會令一個人的心態走向平實而不致自我膨脹，做下短視的決策，失去掌握分寸的做人原則。最後是永保學習的態度，讓自己用鮮活思維不斷累積專業能力來應對各種變局。一個老板或員工的應變能力絕對與其學習能力對等。一旦停止學習便會與自大、狂狷、故步自封、一意孤行等等有礙員工或老板自我管理與領導組織發展的各種負面術語掛勾，被貼上不利的標籤。但這裡所謂的「學習能力」是指可以轉化應用的學習，不是死的知識或方法，死的知識或方法學得再多也無用武之地，這種學習基本上是種花費而非投資，無論是誰都只願做短暫有限的嘗試而無法長期提供。

員工與老板關係的深厚或脆弱，完全是建立在前述四項法則上，缺一不可。我的經歷中便有多位因堅守這幾個原則而常令人覺得愛不釋手的員工，他們都很年輕，涉世不深、單純，是所謂X世代的年輕人，卻執著於自己的工作崗位，因不斷創造自我價值而樂在工作中。由於他們的付出，相對地，也令我經常夜半醒來思考我如何可以帶領大家共同爲永續經營而努力，爲創造同仁的幸福生活而攜手並進。

「互賴創造綜效」這樣的理念不是口號，需要用心經營外加身體力行才能辦到，謹以一點點個人切身體會與讀者分享。

企業內推動生涯規劃的契機

推行員工生涯規劃，企業必須要考察是否具有以下幾個基礎條件：

第一：企業具有生涯規劃的機會。即使你非常重視同仁的生涯發展，但組織變動不大，做了一大堆的規劃卻派不上用場。因此，你的企業應該是一個成長性的企業。

第二：人員相對固定。假如你的企業裡面人員流動性很強，也沒有必要做長久規劃。那麼，企業、人力資源部、員工三方，如何共同經營多贏的結果呢！

職涯的價值，不在於長短，而在於精妙！

十六年前，我曾見葛蘭素大藥廠當時的總經理雷博士在自己的履歷表上精算每一份工作的年資。對於我的訝異，他答覆：「有些人的年資，十年等於人家一年，但也有人的年資一年抵人家三年！」這句話背後的意思，是指有人十年都做同樣的事，所以十年的年資等於一年。相對地，卻也有人用一年的時間經營出別人需要三年才能耕耘出來的結果！因此，職業生涯的價值，不在於長短，而在於精妙！生涯規劃的線不必拉得過長。關鍵在於創造「良性及建設性的互賴文化」，徹底解決職涯規劃的問題。聖嚴法師曾在「解決企業內推動生涯規劃的契機問題」的訓示中提供了一個簡單的原則：了解它、接納它、面對它、放下它。就是提醒人們在預見問題的時候，要預先了解事情的本質，再談解決的方法。這句話亦可套在職涯規劃上：

（一）了解它。員工與企業都需要彼此用心經營關係。若企業與員工間失去「互賴的機制」，勞雇關係就一定會發生變動。這現象如同企業無法營利，員工就必須提前離職。所以職涯規劃不是單方面的事，而是員工與企業共同的責任。這是職涯規劃的本質。

（二）接納它。了解了職涯規劃的本質，便能進一步接受企業及員工在職涯規劃上責任的比重爲各占百分之五十，呈現成熟的雙贏局面。

（三）面對它。老子說：「餵人魚吃，分享一天；教人釣魚的方法，分享一輩子」。企業要先改變員工思維，讓員工了解職涯規劃是「員工與企業共同的責任」，接下來再「建立員工自我規劃的能力」。這樣，員工可以有效掌握自己生涯規劃的自主權，減少企業的責任重擔。

相對地，企業也必須有危機意識。若企業不致力於員工關係及企業競爭力的經營，企業有可能面對良幣驅逐劣幣的危機。在這種相互牽制的情勢下，反而形成一種「良性及建設性的互賴文化」，讓企業及員工之間發展出永續經營的模式，成爲特色文化優勢。

（四）放下它。當人力資源協助組織建立「良性及建設性的互賴文化」時，職涯規劃這個課題只需要持續保持不變，那麼就可以將這個有時讓人頭痛的問題徹底放下解決了。

自我成長—創造女性職涯成功新關鍵

智能女子卓越成就
Smart Lady Excellent Achievement

在一個機會中參與「世紀領航者係列講座」，擔當「創造女性職涯成功新關鍵」講題。爲了這個講題，我特別設計了「Smart Lady Excellent Achievement智能女子卓越成就」的內容，在此與各位讀者分享。

眞誠與堅持（Sincerity & Sustenance）

每個人對成功的定義因價值觀的不同而不同，但不同不等於不對，所以讓我先將我個人對「成功」的內涵的淺見做一說明。我認爲「成功」的定義是「全方位或沒有後遺症地成就自己的理想，追求卓越的人生」。

「卓越的人生少不了眞誠與正直」，這句話的眞義是讓我們在追求成功的過程始終能保持我們「眞誠的本質」，而不致迷失在成功的弔詭中。如果在經營自我成就的過程，我們喪失了眞誠的本質，我們會因一時的得意，而忘了「昨日的成功可能是明日的絆腳石」這樣的金律，會使得我們只能成就一時而無法長久，忘了只有終生學習及不斷求進步才能保持我們在職場的優勢及競爭特色。另外，眞誠的人的行爲總是一再重複，因此「卓越」不是單一的舉動，重要的是因爲這樣我們才能保持「赤子之心」，得以享受成就的過程。懂得享受才能持久努力，拿破崙說過一句非常棒的話：「只有在一個人堅持不肯放棄後，努力的花朵才得以綻放！」這是成功第一個新關鍵！

成熟的氣度（Maturity）

女性在追求成就的過程中，最常見的致命弱點是度量不足，喜歡比較而計較！但一顆計較的心會讓我們視野狹窄，格局受限！所以要成爲一個成功的女性一要跳脫「比較」思維，用「開放以及富足的胸襟」去面對所有的挑戰！一個具備富足心態的女性，才能容易與人相處，以人和創造成就的空間，以國際視野經營格局。要記得余秋雨先生的提醒：「傑出始自胸襟」！

能力與擔當（Ability & Accountability）

工作職場是仰仗專業來創造生產力，不是性別！

所以一個成功的女性需要不斷地追求職業的成長與建立具競爭優勢的職業能力！具備個人的競爭優勢與特色才不容易被替代，才能有勇氣面對職場中的各種挑戰並且扮演有擔當的角色。

值得信任（Reliability）

成功女性的最基本條件是要「值得信賴」，值得信任的人才能被充分地授權，爭取自主發揮的空間，來創造工作價值及生產力。若有機會發展成一個創業家或企業經營者，值得信任更是無法或缺的關鍵要素之一。

策略思維（Thinking Strategically）

有句話說：「聰明地工作，而不是勞苦地工作！（Work Smart, Not Work Hard）」這句話的意思是指要智能地做：亦即用對方法創造出工作價值或工作成果來，而不是只有苦勞卻沒有工作績效或生產力。所以智能的工作是需要培養或建立策略性思維的能力。

以上是個人對「創造女性職涯成功新關鍵」的看法，與您分享。

母親節快樂更新去

休息是爲走更長遠的路

幾年前與外子到新光醫院做全身體檢，發現子宮肌瘤，因爲大到壓迫膀胱，所以醫生建議手術摘除。但因元月份開始接手富蘭克林柯維總代理業務忙得不可開交，只好到五月份才在友人協助下住進台大醫院，放下所有工作，安心地進行「與成功有約、高效能人士的七種習慣」的第七個習慣「不斷更新」的身心安頓工作，這段更新之旅不僅對身心有長足的助益，且由住進醫院開始，便有了許多本身專業以外的學習。

豐碩的收穫，令我忍不住在靜養中提筆將學習經過記錄下來，一方面與好友分享，另方面也藉此文向今年未收到我母親節賀卡的女性朋友致最深摯的問候之意，因匆忙住院，所以失禮了。

煥然一新的行政管理，令人刮目相看

過去記憶中的台大醫院，老舊而到處充斥著實習醫師，病人常成為任意待割的實驗品。十幾年未接觸，曾幾何時，台大的醫療專業技術與行政管理體系已徹頭徹尾地改變，令人有耳目一新的感覺。從辦理住院手續開始，我便對簡單的流程有種難言的親切感。在辦手續確定是進行何項手術後，醫院便印出劵標單，上面詳列了手術過程的一切資料如病床、病人姓名、健保號碼等等相關資料。原本流程中可能發生「配錯對象」的錯誤，便因為這「以終為始」客戶導向的設計而降至最低，第一招便令人領略到台大效能化行政管理的高招，真不簡單。

由開刀前一天住院進行手術前的準備開始，便發現台大的醫療採取不同於一般醫院的專業分工模式，比如說，打點滴插針頭或打抗生素針劑這樣的工作是由醫師負責而非一般醫院是由護士負責的，給了病人一份高度的安全感。開刀前病人接觸過的麻醉醫師、住院醫師、總醫師、超音波醫師還有主治大夫謝副院長均在開刀房中同時圍繞在開刀床旁，除了給予病人對專業醫療技術百分之百信心與信任外，更因那份事前接觸而產生的親切感，給了病人高度的溫馨與安全感，因此可以用輕鬆愉悅的心境面對這次不算小的手術，一點也不心焦。

技術高超，復原速度超進度

由進入開刀房手術到由恢復室出來，整個過程大約是三個半小時，手術順利而快速。記得十八年前因胎兒過大而進行剖腹產後，當麻藥退掉，傷口的疼痛令人面色發青，且大汗不停。而這次手術後幾乎未感到傷口的疼痛，所以開刀完第一天便面有喜色，第二天順利下床活動，第三天在尿管及點滴針頭拆除後，便可以到大樓觀賞影展及聽了兩個多小時有趣的演講，難怪護士說我是全院最開心的病人。其實這整個過程有幾個重要的成功關鍵因素，值得列下來與朋友探討的。

成功關鍵因素的核心是態度與專業能力

（一）病患的樂觀心態與對專業的高度信賴

當我與護士說起我對這次手術順利的過程感到幸運與感恩時，可愛的俏護士卻告訴我說是我積極樂觀的態度影響了這整個過程。她說有許多病人會覺得自己倒霉需要面臨挨刀之苦，所以自怨自艾，相對地，對開刀的疼痛便有承受力差的現象，以致於開刀一個月都直不起腰來，不是不能而是抗拒使然。除此之外，病人會道聽塗說而堅持那部位拿掉那部位要留下，完全不尊重醫師的專業及建議，這也可能是手術後不能順利復原的原因之一。

（二）一流的專業醫療技術、設備及後勤服務系統

台大婦產科在謝副院長帶領下，不僅操刀技術一流，連麻醉技術都高人一籌。用體質處方的麻醉劑量減輕病患的疼痛，從而願意嘗試早點下床活動，是順利復原的重要因素之一。醫護人員的專業素養，親切效能的服務及先進手術設備減少出血量等等都是促進病患早日康復的因素。

（三）專業的看護人員，提供具體有效的方法

這次住院居然幸運到連晚上的看護范小姐都是持有證照的專業人員，她曾負責台灣第一位換肝病人的看護工作。范小姐教我如何在病床上做有效的運動來加速「排氣」，及「排氣」後避免豆類、蛋類、牛奶、蘋果及進補食品，使腸胃能迅速恢復消化功能減少脹氣等等……都是順利復原的不可或缺因素。

四十歲以上婦女約六成有子宮肌瘤問題，請勿輕忽。

在醫院中才知道在台灣年齡超四十歲以上的婦女，約六成有子宮肌瘤的問題，想起從事人力資源或人才培育的朋友大部分是女性，所以將經驗整理與朋友分享。子宮肌瘤不一定要開刀即做子宮摘除術，需要經超音波檢查確定大小及對生理影響的嚴重性而決定。同時開刀時是否一併摘除卵巢及子宮頸亦需視病情、年齡等而定。當發現子宮肌瘤時不要害怕，不妨再找第二位醫師，確定相同診斷後再選擇自己較信任的醫師動手術才是上策。

靜養是德、智、體、群的更新，過程享受而甜美

近三十年不停地工作，從未給自己一次夠長的調息時間，日子便這樣飛逝而過。藉這次機會在家裡靜靜休養，看書、寫作、整理思緒、回顧經營狀況、策劃未來如何可以更好，想想自己的使命宣言是否落實在實踐中，與親人聯繫交流成長經驗，再抽空爲老公準備可口晚餐、感受親情交流的甜蜜與喜悅，這是難得的機會，相信經過調息的自己，有更大的動力爲執著的使命而努力不懈。這整個過程是甜美且享受的。

體驗「心路」之美

心靈之美

最近由克里希那穆提的新書《愛與寂寞》中，了解到「愛而無所求」才是自由的愛的基礎，也惟有這樣的愛才能永恆。柯維博士於「高效能人士的七種習慣」課程中提到，人際關係的永續經營是來自「無條件的愛」，其實正與這樣的體驗殊途同歸。

我有幸在深度體驗這樣的內涵的同時，也深深感受到「愛而無所求」力量的無遠弗屆，在接觸美的「當下」，眞有「永恆」的感受，因此想通過拙筆將那份「美」留下記錄，分享更多的好友。

情毅之美

由於工作及好友胡冰女士的推薦，我非常幸運地接觸了「心路文教基金會」，一個爲智障朋友無怨無悔付諸心力的團體。在與各部門的主管訪談過程中，我發現這幾位女士都有一份相同的特質，那便是「情毅之美」，是發乎內心情卻帶著剛毅的美。若與柯維博士的思維做聯結，這樣的美不僅代表了這些爲「智障朋友」而努力的女士，「是自己生命的主人」外，同時也成爲智障朋友走出生命尊嚴與價値的「轉型人」，柔情中充滿剛毅的鬥志，令人心動的同時，也令人折服，一旦接觸，「當下」的體驗與感受，歷久不忘，所以說是「永恆的美」。

小觀察，深體驗

訪談接觸的第一位「心路」是位於新店市的一個洗車中心主任張玲女士。第一眼看到張玲，由眼神所散發出來的堅定眞情，便可理解何以「心路」會選擇她負責「洗車中心」這份理論上較適合男性的營運及管理的工作。

「洗車中心」成立的「核心目的」是通過智障朋友在洗車中心與客戶接觸交流的過程，一方面訓練獨立作業技能，另方面建立獨立謀生的信心，以便協助智障朋友建立獨立工作的能力，進而能轉到其他企業工作。換句話說，洗車中心是個工作轉換站，是智障朋友獨立工作前的人際互動技能學習中心，所以責任重大。當張玲提到整個洗車中心十九位工作同仁中有十五位是智障朋友時，我開始感受到她領導這樣一個團隊的高度困難，當張玲說自己何其幸運地帶領的是一群「輕度智障朋友」，而中心其他主管所帶領是「重度智障」時那份輕鬆與愉悅的神情，也是我體驗「剛毅之美」的開始。

擺脫依賴，走向獨立

雖然洗車中心初成立時，面臨嚴重虧損，是由基金會籌措財力做後盾支持著，但張玲對如何轉虧爲盈保持著高度的信心。雖然中心因是由智障朋友提供服務，受限於先天身體上的缺陷，基於安全所以所有硬件設備都受限於「條件式」的抉擇，投資成本高於一般人士運作的洗車中心；再加上一發生無法控制的意外事件，便需面對停機停止營運的現實；還有爲了尊重客戶的權益，必須爲許多「無心之失」所做的「額外賠償」，都是其他洗車中心所不需負擔的成本。但張玲以樂觀積極的態度，運用她的影響來排除萬難的態度令人敬佩。

小故事，大道理，是眞善美

在許多意外事件中，有件發人深省、讓人體驗深刻的小故事。

就在洗車中心開幕不久，一個赤熱炎炎的夏天中午，一部名貴的克萊斯勒豪華轎車駛入了洗車中心，工作同仁對久候而來的客人，當然竭盡熱誠地以最大的努力運作不完全聽話的肢體，忙碌地以洗車標準作業流程開始提供令客戶滿意的服務，特別是爲這樣一位在華車豐衣之後藏著一顆善良愛心的紳士。當車子順利停在洗車位置上，洗車機便開始了正常的操作手續。第一步沖水上清潔液，第二步清潔，第三步則以高熱烘乾，眼看著作業程式一步一步進行均算順利，張玲感覺自己自這部豪華轎車駛入心裡便自然武裝起來的緊張，正漸漸鬆弛時候，車子突然發出了一聲從未經驗過的「嘶嘶」的奇怪聲響，她不自覺地抬起腳步靠近正被機器推出的車前，天哪！居然在前面擋風玻璃的中間，明顯地呈現了一道由下裂到上的痕路，當下腦中閃過「完蛋了！今天自清早到現在的收入都不夠賠償，還可能要將前兩天辛苦洗來的收入都貼進去」的念頭，心裡開始覺得隱隱作痛。但「客戶的權益」仍是洗車中心永續經營的最重要「原則」，趕緊將心中的痛放一邊，勇敢地以洗車中心主任這樣的角色去面對正由關愛眼神轉爲困惑不解的好心客戶，開始去了解這部豪華轎車最近的車況情況。但因這是洗車中心開張以來從未遇見過的事件，當時也請出納趕緊通知機械廠商趕緊派工程師到現場來協助判斷事件發生的原因。也許是自始均由「保障客戶權益」角度出發的態度來處理這件突發事件，所以過程尚稱平和，也因此可見這位客戶不僅心慈且是位講理的好客戶，並未因這意外事件所帶來的損失而怒目相向。

經機械工程師仔細了解操作過程，並將車身每個可能發生況狀的地方均細細檢視過後，正納悶不解的當時，不經意地發現車窗前雨刷溝邊上有個凹進去的淺洞，不留意幾乎無法發現，這位相當有智慧的工程師轉身問客戶：「是由哪兒開到洗車中心洗車的！」客戶順口告知：「是由北二高下來直接進入洗車中心洗車的。」工程師再問：「在高速路上可曾感覺到有石頭彈跳砸到車子！」客戶訝異地回答說：「您怎麼知道我的車子被石頭砸到！只是速度太快我沒發現是砸到哪裡！」「那好。」工程師說，「經過剛才仔細的檢查，我的判斷是這樣，您看是否合理！因爲我們過去也沒有發生過這樣的事件。原因是這樣的，剛才您的車子受到石頭彈擊的位置是在玻璃下方這兒，所以凹進去了一塊，但當時天熱並未裂開，來到洗車場經過冷水衝洗，玻璃收縮後又經烘熱，在漲開來的過程中，玻璃才由下往上裂開一條縫。所以如果這樣的判斷您同意的話，其實這裂縫隨時會發生，只是今天正巧發生在洗車中心。如果是洗車機器或人爲造成，玻璃應該是破掉而不是裂開。」當工程師這麼說明的時候，明理的客戶不停地點頭，未反駁一語，且一點也不爲難洗車中心，堅持付了洗車款將車子駛離了洗車中心。張玲說直到這時候心裡那顆幾乎跳出來的心才緩緩地鬆弛下來。她很感激工程師的明智判斷，客戶的「是非原則」以及這次爲洗車中心帶來「很好的學習機會」，也令她更有信心帶著這群工作伙伴一起打拼，爲洗車中心的獨立經營而奮鬥。

當張玲向我敘述這段感人肺腑的小故事時，在她那眞誠流露的眼神中，令我再次體驗了那份剛毅之美，心裡的震盪久久不能停止，心中的敬佩油然而生。這整件事情的過程印證了柯維博士的名言「我們可以抉擇做面對任何困難的主人，但無法主宰後果，後果是由原則所主宰」。而原則即自然法則，是不變的眞理，這故事中的原則，仔細回味就是過程中發自每個人內心的「眞、善、美」。

「人生的每一刻都只有一次，美的體驗來自當下。」

我曾與許多朋友分享「柯維博士高效能人士七習慣課程」亦即《與成功有約》這本書的內涵，對我個人最大的助益及學習，就是找回了我的赤子之心，也因此常能有機會去體驗許多當下所發生的美，那種「美」感人至深，歷久不衰，是何其的幸運。

朋友們，如果您有機會開車路經心路洗車中心，您一定不要忘了去看一下洗車中心中有這樣一群爲自己生命尊嚴努力奮鬥的朋友，去體驗那份堅毅之美。

《奇異之眼》

全球最具競爭力企業領導人杰克・威爾許的領導秘訣

奇異工作的林權經理送我這本「麥格羅・希爾」公司出版的《奇異之眼》，令我受益良多，所以將讀書心得整理分享，讓林權的美意可以嘉惠更多的讀者。

誠如推鑑序中施振榮先生所言，美國奇異（GE）公司執行長杰克・威爾許（Jack Welch）由於締造了企業再造的典範，因而成爲美國人最讚賞的企業執行長；他的領導經驗不僅値得業界借鑒，更可作爲政府再造的參考。

身爲一個事業的經營者，閱讀後我有以下幾個重要的收穫，寫下來與讀者分享。

力圖改變，管理愈少愈好

這句話說得容易卻是許多經營者內心的「最怕」，「怕的原因」是受「長期防弊思維」

的綁束。仔細思考「怕」有幾個因素：

（一）有許多事不及早介入，萬一出紕漏時，那個「洞」深不見底。

（二）人員年輕，經驗不足，對決策的質量與能力存疑。

（三）大環境由主政者帶頭嚴重扭曲了社會價值觀的是非判斷，似乎引發人人可能圖謀不臧之財的隱憂。

（四）環境變化趨勢太快，不知如何有效管理，乾脆樣樣事情都管，比較保險。

（五）忘了「經驗」很多時候是來自「錯誤」的累積，所以只許成功不許失敗的意念，換來了「不推不動」由下而上的對策。

這本書中卻中肯地分析威爾許的思維正好是逆向的，他的經驗是：

（一）「掌控」成了「限制」，減緩了「力圖改變」的速度。

（二）不放心的事實也令我們喪失了「面對現實」的契機，聽不見不好消息的同時，也埋藏了一顆隨時引爆的地雷。

（三）價值觀的建立可以通過「不是第一便是第二」的理念來建立，外力無法阻撓內在文化形成的共識。

（四）所謂決策只有三個大方向：改革、關閉或出售，結果經營者與工作伙伴可以共同經營與創造。

成爲第一或第二的策略　依賴「軟性價值」來奏效

威爾許先生提出的軟性價值有三：

（一）認清事實：「看清」世界之眞實面貌，而不是「自我想像的樣子」。

（二）優良品質：延伸極限，超越原先認定的能力界線。

（三）人爲因素：有勇氣嘗試新事物。

這三樣價值爲奇異創造的資產是：「變得更不屈不撓、更具彈性、更敏捷」，這三個價值正是現代環境下企業求永續必備的三要素。

創造獨特文化走長遠路

由這本書的許多成功秘訣中，我們可以一再領受到威爾許的深度，比如運用「窪坑」演講聽學習互動的「過程」，鼓勵「施與受」的行爲，這樣的方法便不得不令人激賞，而最有趣的是以學習背後所培養的「直言不諱」，這種「正直」的道德勇氣來預防盲目跟從的行爲，不僅成就了組織的獨特文化，而最大的價值其實是培養了經營者的胸襟與風範。

合力促進創造綜效

在奇異脫胎換骨的過程中，威爾許運用了一個重要的策略來解放「不管的危機」。所謂合力促進，重新定義管理的概念，「傾聽員工的意見」成爲管理工作的一部分。它的目的在於支持員工，給他們自信，讓他們覺得自己對公司整體的目標有直接的貢獻，也藉此徹底鏟除了組織內有礙彈性與敏捷的藩籬與障礙。

這本書的最後有段話也是值得經營深省思的：

「企業要加快腳步，更具競爭力的方法很簡單，就是釋放員工的活力、智能與純真的自信」。仔細咀嚼其實就是最近五年所有管理大師都在強調的「啓能（Empowerment）」，藉由啓能讓員工眞正做自己工作的主人，使得冰山下的潛能無盡發揮。

與你分享《與藝術相遇在紐約》

引領風尚三十年的舞台設計大師李名覺說：「如果年輕人都不敢碰藝術，那這個國家的本質就已經不存在了。」許多人將藝術看成遙不可及的領域，那是因爲要成就一個藝術家所需耗費的時間與心血，非外人所能想像，但也因爲這些在各種領域成爲傑出人士切身用心經營的經驗，成爲我們可以提升自我內涵並轉化成個人獨特氣質的重要根源，因此接觸藝術雖然不一定令我也能成爲一個傑出的藝術家，因爲每個人的價值觀有不同的選擇，但接觸藝術不僅可以滿足心靈對「美」的需求，提升自我的鑑賞能力或敏銳度，同時也能豐富個人的生活，是很好的學習領域之一。我用這樣的角度與學習態度來閱讀余怡菁小姐著作的《與藝術相遇在紐約》，很值得一讀的好書。

曲、唱、編、導、寫、設計與畫作七大領域的傑出華裔

這本書是作者余怡菁小姐對十五位分別在「作曲、聲樂、編劇、導演、寫作、服裝設計及畫作」不同領域在紐約這藝術之都發跡的傑出華裔人士的訪談。內容每一篇涵蓋

了這些傑出華裔人士的成長背景、個人興趣，他們的苦心經營，以及因自己獨特的風格展現而在紐約這樣無法計數的人種與人才中脫穎而出的經歷。寫作方式融合了視、聽、觸覺描述的高度技巧，細膩而不失流暢，所以閱讀時，常令人覺得有身歷其境與受訪者共舞的體驗，這是這本好書非常重要的寫作特色之一，很值得讀者細細咀嚼與體會。

個人的閱讀收穫與分析

筆者個人閱讀這本書的收穫有以下幾點：

（一）出類拔萃來自獨特風格

最近五、六年，許多人用「模仿」來訴求快速成功之道，這種快速成功的最大致命傷是流失了個人的獨特風格。在這本書裡，每一個傑出的故事沒有一個是藉由「模仿」而成功，相反地，每個人都充分發揮了自己獨特的長處而出類拔萃。

（二）創意思考是脫穎而出的關鍵因素

由第一位受訪者—國際當紅作曲家譚盾，到最後一位蘇活畫家虞曾富美都是經由興趣的發掘、專業素養的建立，然後通過融合各種專業素養的精華後，運用自己的創思開發出自己獨一無二的風格。這一點的學習讓我更能體會在日常工作上，如何運用有效的方法激發工作伙伴的創意來展現個人的特色是多麼的重要。在培育孩子成長的過程中，千萬不要被各種思維的框框扼殺了孩子天生的創意，更是身爲父母的第一要事。在譚盾的專訪中，我們可以深刻領會到他運用中西不同樂器的能力幾乎達到「神乎其技」的水準，這就是最好的示範。

（三）客戶導向的成就熱情是持久的最大動力

呼應管理大師彼得杜拉克名言：「知識要能轉化成生產力，爲人所用，才有價值」，藝術亦同。所以所有的創意都要以「客戶爲中心」來出發。市場是實驗的戰場，不論是成功與否，都需要經得起市場的考驗，市場接受度越大，成就機會越大。所以創思需要經得起市場亦即客戶的考驗，才是實用化的創思，具備這樣的勇氣與熱情，才能不斷脫穎而出，掌握競爭優勢。在該書的「舞得踢踏響—編舞家陳學同」的專訪中我們可以深深體會到一個早年學舞被視爲怪物，後來在紐約華埠成立舞團而蜚聲國際的編舞有的執著，陳學同說：「我不相信運氣，一切都是用經歷和時間換來的。」這句話背後，有著那份堅持與執著於自己理念所付出的代價的深與厚。

（四）效能方法是致勝關鍵

在「另一個蝴蝶夫人中的Suzuki—女中音鄧韻」的專訪中，可以清晰地看見做任何事很重要的是「方法」要精準，這也是我們通常說的「眉角」亦即「竅門」，許多「竅門」的掌握來自「虛心學習與求教」。

（五）「發自內心的愛」才能樂在工作

也許是從事成人教學的原因，每當有同事、朋友甚至自己的孩子在工作或求學的歷程中，遇見瓶頸而求援時，我總會問：「你自己內心裡最大的興趣是什麼？」由興趣出發最有機會成就，在這本書中每一個故事都驗證了這個簡單卻容易被忽略的道理。在台灣土產的紐約導演—李安的專訪中，我們可以看見因愛而成就的例子。

（六）「美，到處都是，就看你有沒有眼光去發現」

這是崛起於紐約時裝舞台的韓楓所說的一句話。美需要用心去體會與看見才掌握得住，而藝術欣賞其實就是培養自己發現與掌握美的能力。美的需求可以強化一個人鑑賞的眼光，當鑑賞眼光層次不斷提升的同時，也無形中培養了自己的涵養與顯而在外的氣質。韓楓的說法是非常具有建設性，她說：「這世界，所有東西都已存在那兒，就看你能不能發現它們，組合它們。」這話的建設性就在於資源的運用！若將之運用在日常管理與領導上，就是主管發現了部屬的長處，而主管藉由組合長處發明了協助組織成長的契機，這也驗證了藝術是可以轉化成「生產力」的，不是嗎？

這本書篇篇是珠璣與生活智能，筆者僅能就自己的淺見變一點心得，讀完闔上這本書，最深刻的體會是「美」不一定需要親眼看到，藉由好的寫作方式，你可以想像得到，只要用心。推薦您這本好書《與藝術相遇在紐約》。

中國人必讀的好書《今生相隨－楊惠姍、張毅與琉璃工房》

因仰慕而閱讀

記得多年前看了《玉卿嫂》一片之後，便開始留意到楊惠姍的一些報導，當時吸引我的原因是楊惠姍沉靜不外露的內斂氣質，與許多銀幕上的明星不同。當輾轉得知楊惠姍與張毅共同轉往琉璃藝術追求發展時，我始終對那破釜沉舟後的爆發力寄予無限的期許與厚望，因爲兩人的氣質早早透露了「大格局」的結果，當然這過程經歷了許多不爲人知的磨折，但既賦予挑起「中國魂」這樣的使命與任務，過程怎可能輕鬆！感謝「天下文化」願意投下如此多的心力，出版了這本值得珍藏的書，讓更多人因「中國琉璃」的再創造與分享，而喚回「是」中國人的覺醒，不要輕易地割捨了「中國人」的臍帶。

回憶香港回歸祖國前，行在香港土地上，看見了現代與進步，但也體悟了香港人背後

「根不知在何處！」那股強烈散不開的茫然與悲哀。

依循自然法則，永續經營

張毅與楊惠姍的才，已在作品上呈現，由書中我們可以深刻體悟成功來自無可救藥的樂觀與鋼鐵般推薦中國人必讀的好書《今生相隨—楊惠姍、張毅與琉璃工房》的意志力。但我由一個經營者的角度，更深刻的體悟是來自背後那份依循自然法則「誠意、倫理、秩序」所建立的永續經營文化。在書的第一百二十二頁有段令人動容的描述：「如果只沉緬於古老的輝煌中，不知道後續如何，就好像鏡頭停留在某一時空，沒有繼續往下推。歷史是活的，不斷在成長，我們想證明，現代人假如夠努力，也可以再創輝煌。」這段話再回扣第一百二十一頁中張毅解釋「玻璃是一種材質，但琉璃是一種精神、一種文化……。所以，熱情和執著，才是中國琉璃延續與復活的真正動力」。這些思維與書的第七章「誠意、倫理、秩序」經營理念是互相輝映與融通的，而在具體的文化傳承策略上，琉璃工房選擇「自己動手做」—簡單卻最不容易實踐的自然法則來達到「扎根」與技術傳承經營的企業文化，令人印象深刻。

用心且有愛的人最美

由兩人攜手轉換跑道到後來拆伙背後所保持前後一致性的仁厚，外加「堅貞、無私、執著」的「眞情觀」，都在在驗證用心的人不一定最美，但「有愛又用心」的人鐵定是最美的。

志在青天，終非池中之物

書中有段龍緣的描述是這樣的：「血液，既不能選，驕傲，就不能免。龍的性格，表面上是圓的，內心裡是方的。」這是中國人的「君子之風」，用這樣的氣度經營「要中國琉璃向世界說話，涓滴匯成文化長河」的使命，光是「志氣」便足以令人敬佩，更何況是正心、正意與正念的堅持。在短短十一年便創造了豐碩的成就，這過程值得許多人學習與借鑑。

作者的融入，使書的內容呈現生命的光采

好書除了有好故事支撐外，作者文筆的洗練、內容布局的策略，外加準確地掌握故事主角的關鍵性思維與理念，都是這本書吸引讀者讀到底且看完後仍覺深受啓發與回味無窮的重要原因。這本書不僅只是成功的故事，重要的是「有生命的成功故事」，是值得推薦閱讀與珍藏的好書。

後記

一九五二～一九五八

我出生在左營，由母親口中知道那是家境最差的階段，母親在營養不良情況下生下體弱多病的我，小時候很多時間是生病的情況下在蚊帳中度過。五歲時隨父親工作的轉換搬到土牛－一個只有一條街道的小鎮居住。小學一年級第一學期是在東勢國小就學的，這段日子是印象中最受父親寵愛的日子，到現在還記得父親帶我到東勢拜訪親友回程上，被父親背在背上那份溫暖及安心的感覺！

一九五八～一九六四

小學經土牛國小、二水國小，後在田中國小畢業。是段雖然多病但還能無憂無慮、享受老師疼愛的日子。那時候，最大的滿足是來自有體力跟隔壁鄰居的小朋友去火車軌道旁的草叢摘野生草莓，收割後的田地挖地瓜，或丟饅頭給關在小學防空洞裡的逃兵。

當時的家境因父親工作的不穩定而每況愈下。

一九六四~一九七〇

初高中與服役於空軍的大哥住在一起，開始時由大哥每天陪我騎近四十分鐘的單車到屏東女中上學。除了因爸爸沒有工作，家庭經營陷入困境的印象外，漸漸對母親堅毅不拔、克服萬難將我們六兄妹一個個拉扯長大有了較深刻的體認。年齡越大越感受到父母身教對我影響的深遠，比如，尊重個人的差異、讓每個孩子「由發自內心的喜歡」選擇做自己最擅長的事，這樣的教養不僅令我自己終生受用不盡，它同時還嘉惠於我的孩子及平日合作的工作伙伴上！從小我沒有在「任何比較的環境」下成長，所以很少在人際關係上遭遇樹敵的機會，外加母親的「己所不欲勿施於人」，亦即現代所謂的「雙贏」及「終生學習」的思維，更是讓我受用良多！若回顧以往之所以能不斷突破學歷背景的不足，而受到各種不同風格老板的信任與器重，主要是受父母身教所致，所幸我選擇從事顧問教學工作，也因此可以將這些好的資產不斷傳承！

一九七〇～一九七六

這是人生轉折最大的時段。高中不喜歡數學老師的作風，放棄了數學也等於放棄了大學聯考的機會。雖然母親告訴我她會克服環境的困難供我補習再考，但經過一個月閉門思過，我以「爲自己的結果負責的態度」同時「想打破上優秀大學才有前途」迷思的企圖，我選擇上銘傳商專夜間部銀行保險科，白天則承表舅媽張蘋女士的介紹而得以進入「台灣飛歌電子公司」。開始由打臨時工的方式經營自己的工作生涯，並扛起爲母親分擔家計的工作。記得我將第一筆領到薪資二千六百元中的二千三百寄給屏東的母親後，收到母親長達六頁的家書，分享她終於有了分擔家計幫手的喜悅。爲此我徹夜難眠，但也做下除非喪失工作能力，否則將像母親一樣克服萬難爲家人付出的決定。

這段歷程最大的成就是奠定了一家公司財務制度設計的基礎，同時由飛歌公司轉手給一家娛樂器生產廠商的經驗中，幸運地學習到「世事無常，要有危機意識」的認知。

離開飛歌後，加入福特六和汽車股份有限公司財務部任職，是所有工作歷程最短但升遷及加薪最多的工作，同時也奠定了財務分析及資財管理能力的基礎。

一九七七～一九八二

嫁給同事也是同鄉的朱知遠先生，二十六年婚姻幸福圓滿，有一子，是小帥哥，今年二十三歲，很快要大學畢業了。培養過程相當耗費心力，所幸目前看來應該是具備自我經營的能力了。

工作上則是另一個五年的轉折期，由福特六和汽車公司轉入得利製漆股份有限公司任職會計主任，這段時間不僅累積了第一套製造業財務制度設計經驗，且在管理上我由當時主管切身的錯誤經驗上，深刻體會到一位財務人員「操守等於生命」的重要，是一次重要課題的領悟！

一九八三～一九八六

在安侯會計師事務所推薦下加入讀者文摘台灣分公司，設計了第二套非製造業財務制度，同時擴展了人事及行政管理工作的經驗！這份工作不僅讓我學到收回總代理權的實務經驗，也是領略「資源效益極大化」意義最深刻的一段工作歷程，非常耗心力但也收穫良多。

一九八六～一九九一

綜合代理權收回及製造業財務製度設計的經驗，在無心插柳的情境下，我加入台灣葛蘭素大藥廠股份有限公司，先由分公司管理部經理提升到公司代表人之一，負責公關、人力資源、法務及行政管理工作，此時，將前兩個先鋒工作所累積的經驗做一次大整理，而且也成果豐碩的一段工作資歷。這六年不僅對我國台灣藥業生態有深刻學習，而公司所抱持的「將台灣製藥水準提升到國際水準」這樣的經營理念落實本土化的做法，令我覺得從事這份工作不僅有成就感更具榮譽感。這六年由中階到高階不同層次及不同領域的經驗外加國際觀，公共關係及企業危機處理實務，均奠定了我自行創業的基礎，是工作歷程最豐碩的一段經歷。

一九九一～一九九五

以「前瞻、承諾、信賴」的經營理念創立卓睿企管顧問股份有限公司，以「專案設計、量身訂做的課程，協助個人及組織建立彈性應變能力」的使命，從事顧問諮詢及成人教學的工作。這段時間我們研發了近三十套多元、可以彈性整合的課程為顧客服務，也因此取得全球知名的由史蒂芬·柯維博士所主持的「柯維領導中心」的課程及顧問諮詢台灣代理權。

一九九五～一九九九

由於柯維領導中心代理權的助力，公司的經營提升至「我們是現在及未來領導人的成長伙伴」的定位，在文章中有一篇描述〈特色vs.核心競爭力〉架構圖就是我們用來協助顧客發展經營特色及核心能力的基礎，我們所有代理或研發的課程或評量工具都是以這核心架構圖為考量而取得或發展的。一九九八年以提供提升生產力時間管理及顧問諮詢起家而成為股票上市公司的美國富蘭克林公司，併購了柯維領導中心成為富蘭克林柯維公司，我們也因過去幾年本土化及代理的績效而順利取得購併後台灣代理的業務。為此，卓睿還特別投資另外成立了卓維企管顧問公司，專門負責富蘭克林柯維公司台灣總代理的業務。

謹將一九九一年到二○○二之創業心得整理如下，與讀者分享：

創業心情年誌之一

「一九九一年像剛起步的幼兒相當青澀但充滿激烈奮起的熱情……」

在外子朱知遠的一句話：「如果你要談理念，只有自己創業才可能堅持」的鼓舞下，下定決心在三十九歲這一年創立了「卓睿企管顧問公司」。

由於曾在「台灣葛蘭素大藥廠」從事公共關係工作，了解企業品牌形象的重要，因此慎重地選擇了：

卓（SHINE）是出類拔萃、追求卓越品質之意

睿（SAGACITY）是經營成長中的智慧

作爲公司的名字，同時自己用電腦畫出下面的「企業識別標幟」：

標誌圖

是SHINE & SAGACITY的縮寫，外圈代表太陽，卓睿在水平線上，代表我們將用心經營，始終保持旭日東升之姿，在企業顧問領域開創出一片屬於「理念」的天地。

這一年接了ICI（China）公司的一個案子，讓我第一次有機會踏上大陸，來到北京及上海開課，感受到身爲一個中國人的驕傲。

創業心情年誌之二

「一九九二年是像剛要進幼兒園的幼兒帶著探索的熱情在『錯中學』中累積經營的經驗……」有了公司名稱及企業標幟，接下來要思考的是經營理念。創立企管顧問公司的原因是過去在機緣的撮合下，經歷了十五年三家國際公司「ICI得利製漆、Readers' Digest讀者文摘及Glaxo台灣葛蘭素大藥廠」拓荒者經驗，所以覺得有責任將過去累積的實務經驗有所反饋在中國人的社會，另方面則因資本風險管理的因素，選擇了「企業諮詢行業」作爲創業的起步。

（一）公司草創期的經營理念

前瞻（Vision）通過國際資源的引進，保持具前及國際觀的視野及競爭優勢。

承諾（Commitment）有所為，有所不為，全心投入。

信賴（Trust）與顧客建立長期事業伙伴關係。

這樣的經營理念，讓我們跟客戶間建立了長久信賴的伙伴關係，但有了理念後的使命宣言呢，醞釀中……

創業心情年誌之三

「一九九三年心情是像上了小學頑皮搗蛋而受挫沮喪的孩子，從錯誤的反思中重新站起再出發的……」

欠缺企業諮詢行業經營經驗，第一階段採取的組織發展「垂直整合」策略，因同時失去了三個資深顧問讓三年建立的基礎一夕間瓦解，面臨了嚴酷的經營瓶頸與挑戰。但這慘痛的經驗提供了一次深刻反思「策略可行性」的機會；而相對的，就在這同時，也因三年持續的用心及努力，開始得到顧客對專業品質的肯定與認同。在深切反思後，開始調整經營策略朝發展「價格市場的定位策略」再重新出發。

創業心情年誌之四

「一九九四年的心情是像小學畢業順利進入中學，雖是實驗、洞察、適應的階段，但，是熱情再起的……」經過一九九三年的衝擊與學習，開始檢視第一階段策略可行及不可行之處，調整後重新放到市場去檢驗，這階段的過程讓我對老祖宗孫子的策略教導有深刻的體會，特別記下來與朋友分享：

策之而知得失之計；

作之而知動靜之理；

行之而知死生之地；

角之而知有余及不足之處。

學習後的策略是走向「系統化的領導力」的發展與推動。

這一年接受「世界經理文摘」Dr. Jones 的邀請在深圳、上海、北京各做了一場大型演講。

創業心情年誌之五

「一九九五年的心境猶如順利進入中學且受到老師、同學歡迎，是充滿希望與熱情投入的一年……」

這一年很幸運地因理念相投而取得美國柯維（Dr. Stephen Covey）領導中心台灣總代理的授權，讓卓睿公司的定位走向具全球競爭力的領導課程提供者的角色，也因此開始使用「我們是現在及未來企業領導人的成長伙伴」定位訴求。這一年雖是代理初期，因扮演本土化課程的先驅而辛苦至極，且投入相當大的資金在「錯中學」中走了漫長的路，但7 Habits課程確實啓發了許多人，所以「辛苦的代價」是值得的，我也再一次深刻感受到「理想不在現實中妥協」的體驗。

這一年爲上海斯米克中達公司開「建立高效能團隊」課程。

創業心情年誌之六

「一九九六年的心情是緊張、期待又興奮的，像努力多年好不容易考上大學的新生，急著解放考試的束縛，得到發展的自由……」

成爲柯維領導中心代理後，接下來的挑戰是如何將合作的講師及顧問群的教學技能發展起來，成爲頂尖顧問講師的菁英群。

幸運的是因當時在公司內任職的林文蘭顧問的引薦而進一步引入了「美國統合學習系統」建立「高階教學技術」課程，這個課程讓我們走向「創新教學」的領域，同時大幅強化了我們爲企業提供「量身訂做Tailor-made」課程的專業設計能力，是個學習情緒高漲的一年。

這一年爲在天津及上海的頂新、摩托羅拉、百勝餐飲集團及強生（中國）公司一共培養了四十一位7 Habits或時間管理講師，是豐碩成長的一年。

創業心情年誌之七

「一九九七年的心情就像剛從大學畢業走入企業工作的『菜鳥』一般雀躍而充滿信心」。

這一年對個人而言也是經營心境上有重要突破的一年。我開始能眞正專注享受教學的樂趣，再次深切肯定自己選對行業全心投入經營的信心。也是從這一年開始自己的「使命宣言」似乎不再需要精緻化，若有人問我終其一生最想成爲什麼樣的人，我的答案開始一致，很簡單平實的四個字「良師益友」，且我認眞地實踐它。

這一年大陸開疆公司（Keystone）代理了我們的「統合學習系統的課程」，開始在上海推廣。

創業心情年誌之八

「一九九八年的心境，讓我想一想該怎麼描述……像新婚的家庭，一切都在檢驗中……」

美國富蘭克林公司併購了柯維領導中心成爲「美國富蘭克林柯維公司」，我們的代理權也因併購而有了令人又興奮又害怕的轉變，爲此我們特地成立「卓維企管顧問公司」來迎接這個變局。以前是一家單純的「訓練課程顧問公司」，現在走向「兼顧產品販售、門市經營型態的公司」，我們不僅需要全新建制產品銷售能力的團隊，更需額外留意富蘭克林柯維公司的走向及其對我們經營的影響。爲了能永續經營，我們開始推動落實第二階段的營運策略。

這一年將開疆企管的「提升個人生產力」教練的教材開發成兩天的課程，來貼近市場的需求。

創業心情年誌之九

「二十世紀最後一年的心境像『山窮水盡疑無路，柳暗花明又一村』的感觸……」一九九九年對卓睿、卓維是一個新里程碑的開始，將近九年多的用心投入，我們發展出一個可以吸引企業經營者眼光的「競爭優勢架構圖」，讓我們的定位再進一步地提升到「系統化領導力訓練及技術移轉」的專業顧問公司，下面的競爭優勢架構圖便是這一年最令人欣慰的整合與創新。

在這裡我要特別感謝「台達集團」黃光明總裁的眼光與賞識，將此系統引入台達集團全面推廣，讓我們有機會從「一個個課程的檢驗」到一次驗證「領導力系統」對企業經營的效益，我衷心感激。

創業心情年誌之十

「二〇〇〇年的心情是帶著滿腔喜悅與熱情投入執行台達集團專案的……」

企業諮詢顧問公司的經營模式中有一個重要的條件是妥善管理「固定成本」，所以通常是採取「精緻經營」模式。一個「小而美」經營型態的公司，在沒有投入額外人力資源的條件下，去服務一個有四萬員工規模集團實在是一個融合「應變彈性、團隊合作、智力、耐力及毅力兼備」才能得當相應的挑戰；我們始終抱著「戰戰兢兢」的態度去完成這項任務。

但這過程讓我們的「開課實力」由一般每班二十五人次成長到最高每班一百零九人次的紀錄，且得到學員全體的認同及肯定的反饋，是我們全員最高的榮譽。

創業之情年誌之十一

「二〇〇一年是新世紀的開始，上半年及下半年心情是截然不同的；上半年的心情是混亂、矛盾及衝突的……」

　　這幾年外在環境變化的速度常讓人覺得措手不及而陷入擔心的隱憂中，上半年正是這樣的處境。不僅全球景氣開始下滑，影響企業決策的審愼度；大環境也湊熱鬧地爲台灣帶來許多無力承受的天災。這種種的衝擊讓我開始反思公司經營的腳步是否又再次面臨嚴酷的挑戰而需調整腳步了，每次的逆境其實也都是扭轉成順境的絕佳時機，條件是能否有眼光看見同時有能力去掌握這樣的契機，心裡不斷提醒自己要有膽識面對眼前的逆境，順勢掌握契機。

創業心情年誌之十二

　　「二○○一年是新世紀的開始，上半年及下半年心情是截然不同的；下半年的心情是積極、衝刺及希望盡心做好萬全準備的……」

　　從二○○一年元月份開始便每個月來到上海與幾位可能成爲最初構想「聯合顧問師事務所」的合作伙伴進行密集的討論，探討發展一個「聯合顧問師事務所」的可能性。我從許多成功企業經營者的經驗學習到一個重要的教訓是「寧可事前花時間了解彼此經營的價值觀，也不要開始經營後才發現不同」。整整一年沒有間斷的投入，雖然時間拖得

FranklinCovey
Organization Services

很長但越是討論就越清楚自已的想法及努力的方向。

這段時間要感謝多位參與的前輩給了我許多市場資訊的學習與交流，最後通過兢越公司舉辦的人力資源展覽年會，讓我對市場經營有了具體的方向及遠景。

鼎鼐企業管理諮詢（上海）有限公司就在開疆公司吳曉庄董事長（Marjorie Woo）的全力支持下，開始像一個「肚裡懷胎十月的嬰兒」等著出生，迎接嶄新的紀元，準備好面對橫亙在眼前的挑戰了……

五十歲這一年成立第三家公司鼎鼐企業管理諮詢（上海）有限公司對我個人而言意義超乎尋常。

公司名字的涵義：

鼎—代表培養有眼光、格局的領導人，

鼐—有容乃大才能成就最大的鼎，意思是培養出有全球視野及胸襟的領導人。

外圍的七彩代表各種獨特優勢的領導人。

我們經營團隊有信心將鼎鼐經營成「顧客最佳選擇」的顧問公司。

日月如梭，一晃五十年的歲月已經消逝，回顧過去近三十二年的工作歷程，覺得甘甜而受益良多。主要的原因是工作內涵因六個不同產業的經驗而豐富多元，每個工作歷程都幸運地遇見優秀的老板或合作夥伴而成就累積了我各方面的專業，另外因抱持終生學習理念、始終樂在工作的人生態度，也是造就今天結果的重要關鍵因素。

這次五十歲能出書也是一個機會，將過去十二年顧問及教學心得做一整理，雖然自覺文筆不洗練，仍有許多可以提升之處，但也是一種自我洗滌及回顧整理的好過程，期待讀者能不吝指正及提供您的閱讀想法或建議，讓我們成爲互賴的成長夥伴。

參考資料：

參考書目

嚴淑馨譯（1998），Dr. Stephen Covey著。《與成功有約》。台北：天下文化。
徐炳薰譯（1998），Dr. Stephen Covey著。《與領導有約》。台北：天下文化。
汪芸譯（1998），Dr. Stephen Covey著。《與幸福有約》。台北：天下文化。
陳絜吾譯（1998），Dr. Stephen Covey著。《與時間有約》。台北：時報文化。

其他參考教材

由Video Art 出版之一系列錄影帶如下：

作者Anthony Jay

影帶名稱：

1. The Balance Sheet Barrier

2. Cost, Profit and Break-even

作者Tina Tietjen, Tony Hart, Lawrence Eart

影帶名稱：

1. Decisions-Decisions

2. You'll Soon Get The Hang of it

3. How am I Doing?

作者Jonh Lidstone

影帶名稱：

Negotiating Profitable Sales

作者Peter Honey

影帶名稱：

<我們是現在及未來成功領導人的成長伙伴>

親愛的讀者：

當您讀完「魅力領導」這本書後，是否希望獲得更多與「激發潛能」、「增進競爭優勢」相關的研習資訊？我們是一家以成爲「現在及未來成功領導人的成長伙伴「爲自我期許的專業顧問諮詢公司，擁有完整的系統化課程及科學評鑑工具，能提供您於專業生涯發展的過程中，不可或缺的專業能力培訓。

歡迎您撥冗來訪，讓我們有機會爲您提供更精緻的專業服務。

我們的聯絡電話：台灣：886-2-2751-1333 #202-203訓練發展部

中國：86-21-6445-6248

電子郵件： sns@tpts1.seed.net.tw

我們的網站：www.smartlearning.com.tw

(領導人網站)

請將此頁影印傳眞或郵寄至下列聯絡公司

台灣：卓睿企管顧問股份有限公司

卓維企管顧問股份有限公司

台北市106忠孝東路四段183號7樓之一

TEL：886-2-2751-1333

FAX：886-2-2711-5285

中國：鼎鼐企業管理諮詢(上海)有限公司

上海市淮海中路887號 永新大廈1011室 郵編：200020

TEL；86-21-6445-6248

FAX：86-21-6445-6246

填回本資料卡，您將獲得一份完整培訓資訊

1. 您上過本公司其他課程嗎?

□ 有，課程名稱：________________________________

□ 沒有

2. 您平時是如何收集培訓資訊？

(我規劃自己的成長計畫，請寄產品目錄給我本人)

□ 我經由公司安排參加公司培訓計畫，請寄產品目錄給我公司的培訓單位

□ 請儘速安排專業人員前來與我詳細洽談 □個人 □公司 培訓需求

我的資料：

姓　名: ___________________________ 姓　別: _______

生　日:　　　年　　　月　　　日

公司名稱: ____

職　銜: ____

聯絡地址: ____

聯絡電話: (O)____________________

傳　　眞:______________________

(H)____________________

傳眞:______________________

Email : _____________________________________

培訓單位：

姓　名: ______________________________ 姓　別: _______

公司名稱: ____

職　銜: ____

聯絡地址: ____

聯絡電話: (O)______________________

傳眞:_________________________

(H)_____________________傳眞:_________________________

Email : ____

對我們的建議：

歡迎您加入我們一同學習！

MEMO

MEMO

MEMO

MEMO

魅力領導

著　　者／葉微微
出 版 者／生智文化事業有限公司
發 行 人／宋宏智
總 編 輯／賴筱彌
編輯部經理／劉筱燕
執行編輯／趙明儀
版面設計／炫設計工作室
封面設計／呂慧美
登 記 證／局版北市業字第677號
地　　址／台北市新生南路三段88號5樓之6
電　　話／（02）23660309
傳　　眞／（02）23660310
網　　址／http：// www.ycrc.com.tw
E-mail／shengchih@ycrc.com.tw
印　　刷／鼎易印刷事業股份有限公司
法律顧問／北辰著作權事務所　蕭雄淋律師
郵政劃撥／19735365
戶　　名／葉忠賢
初版一刷／2003年10月
特　　價／新台幣280元
ISBN：957-818-541-3

總 經 銷／楊智文化事業股份有限公司
地　　址／台北市新生南路三段88號5樓之6
電　　話／（02）2366-0309
傳　　眞／（02）2366-0310

魅力領導：開發高效能領導完整策略／葉微微
. -- 初版. -- 臺北市
：生智, 2003〔民92〕
面；　　公分

ISBN　957-818-541-3（平裝）

1.領導論　2.組織（管理）　3.成功法

494.2　　　　　　　　　92012973